饮茶健康之道

魏然 王岳飞 编著

中国农业出版社

图书在版编目（CIP）数据

饮茶健康之道 / 魏然， 王岳飞编著. — 北京 ：中国农业出版社，2018.7（2020.3重印）

（中国茶文化丛书）

ISBN 978-7-109-22977-8

Ⅰ. ①饮… Ⅱ. ①魏… ②王… Ⅲ. ①茶叶－关系－健康 Ⅳ. ①TS971.21

中国版本图书馆CIP数据核字(2017)第113905号

中国农业出版社出版

（北京市朝阳区麦子店街18号楼）

（邮政编码 100125）

责任编辑　姚　佳

北京通州皇家印刷厂印刷　　新华书店北京发行所发行

2018年7月第1版　　2020年3月北京第2次印刷

开本：700mm×1000mm　1/16　　印张：13.75

字数：188千字

定价：78.00元

《中国茶文化丛书》编委会

总　序

茶文化是中国传统文化中的一束奇葩。改革开放以来，随着我国经济的发展，社会生活水平的提高，国内外文化交流的活跃，有着悠久历史的中国茶文化重放异彩。这是中国茶文化的又一次出发。2003年，由中国农业出版社出版的《中国茶文化丛书》可谓应运而生，该丛书出版以来，受到茶文化事业工作者与广大读者的欢迎，并多次重印，为茶文化的研究、普及起到了积极的推动作用，具有较高的社会价值和学术价值。茶文化丰富多彩，博大精深，且能与时俱进。为了适应现代茶文化的快速发展，传承和弘扬中华优秀传统文化，应众多读者的要求，中国农业出版社决定进一步充实、丰富《中国茶文化丛书》，对其进行完善和丰富，力求在广度、深度和精度上有所超越。

茶文化是一种物质与精神双重存在的复合文化，涉及现代茶业经济和贸易制度，各国、各地、各民族的饮茶习俗、品饮历史，以品饮艺术为核心的价值观念、审美情趣和文学艺术，茶与宗教、哲学、美学、社会学，茶学史，茶学教育，茶叶生产及制作过程中的技艺，以及饮茶所涉及的器物和建筑等。该丛书在已出版图书的基础上，系统梳理，查缺补漏，修订完善，填补空白。内容大体包括：陆羽《茶经》研究、中国近代茶叶贸易、茶叶质量鉴别与消费指南、饮茶健康之道、茶文化庄园、茶文化旅游、茶席艺术、大唐宫廷茶具文化、解读潮州工夫茶等。丛书内容力求既有理论价值，又有实用价值；既追求学术品位，又做到通俗易懂，满足作者多样化需求。

一片小小的茶叶，影响着世界。历史上从中国始发的丝绸之路、瓷器之路，还有茶叶之路，它们都是连接世界的商贸之路、文明之路。正是这种海陆并进、纵横交错的物质与文化交流，牵连起中国与世界的交往与友谊，使茶和咖啡、可可成为世界三大无酒精饮料，茶成为世界消费量仅次于水的第二大饮品。而随之而生的日本茶道、韩国茶礼、英国下午茶、俄罗斯茶俗等的形成与发展，都是接受中华文明的例证。如今，随着时代的变迁、社会的进步、科技的发展，人们对茶的天然、营养、保健和药效功能有了更深更广的了解，茶的利用已进入到保健、食品、旅游、医药、化妆、轻工、服装、饲料等多种行业，使饮茶朝着吃茶、用茶、玩茶等多角度、全方位方向发展。

习近平总书记曾指出：一个国家、一个民族的强盛，总是以文化兴盛为支撑的。没有文明的继承和发展，没有文化的弘扬和繁荣，就没有中国梦的实现。中华民族创造了源远流长的中华文化，也一定能够创造出中华文化新的辉煌。要坚持走中国特色社会主义文化发展道路，弘扬社会主义先进文化，推动社会主义文化大发展大繁荣，不断丰富人民精神世界，增强精神力量，努力建设社会主义文化强国。中华优秀传统文化是习近平总书记十八大以来治国理念的重要来源。中国是茶的故乡，茶文化孕育在中国传统文化的基本精神中，实为中华民族精神的组成部分，是中国传统文化中不可或缺的内容之一，有其厚德载物、和谐美好、仁义礼智、天人协调的特质。可以说，中国文化的基本人文要素都较为完好地保存在茶文化之中。所以，研究茶文化、丰富茶文化，就成为继承和发扬中华传统文化的题中应有之义。

当前，中华文化正面临着对内振兴、发展，对外介绍、交流的双重机遇。相信该丛书的修订出版，必将推动茶文化的传承保护、茶产业的转型升级，提升茶文化特色小镇建设和茶旅游水平；同时对增进世界人民对中国茶及茶文化的了解，发展中国与各国的友好关系，推动“一带一路”建设将会起到积极的作用，有利于扩大中国茶及茶文化在世界的影响力，树立中国茶产业、茶文化的大国和强国风采。

姚国坤

2017年6月于杭州

序

当我们谈论饮茶健康时，我们在谈论什么？

生存、发展、健康是现代化进程中的三件大事。过去的20世纪后半叶，中国人民基本解决了吃饭穿衣的温饱问题。习近平总书记在十九大报告中提出全新论断， 我国社会主要矛盾已经转化为人民日益增长的美好生活需要和不平衡不充分的发展之间的矛盾。在中华民族总体上迈进小康生活水平，生存和发展取得显著进步后，作为美好生活质的测度指标——健康，成为全社会关注的迫切问题，被提到议事日程上来。

“茶为国饮”与人类健康

健康是一项复杂的系统工程， 不仅与人本身的生理、心理相关，同时也涉及物理环境、经济环境、政治环境、技术环境、生态环境，也涉及认知、体制、文化等上层建筑领域的社会环境。祖先以百草为药，茶亦居其中，几千年来，人们品茶、论茶，从气候变化、情欲哀乐、饮食卫生等方面来探讨着对饮茶与健康的研究。“茶为国饮”，

茶对人类健康的重要贡献已是不争的事实。茶叶作为最贴近我们生活的药食两用植物，科学饮茶对促进国民健康形成有力的助推。用科学理论和健康方法指导日常茶生活，倡导全民饮茶与加快经济增长方式转变和倡导“以人为本”科学发展理念相契合，是提升国民生活幸福指数的有效手段。

20世纪60年代起，茶学这个沉淀了五千年人类实践结果的领域，迎来了自然科学理论的探秘时代。茶成分分析方法、分离和鉴定技术快速发展，化学工程、分子生物工程、细胞生物学、生物化学、营养学和临床医药等一系列先进科学技术先后参与到中国茶叶这个古老的植物研究当中。茶叶主要成分如茶多酚、儿茶素、茶黄素、茶氨酸、咖啡因等已得到确认，并进行工业化生产。其中，茶多酚作为茶叶特有的活性成分，对人体罹病的罪魁祸首——过量的自由基具有极强的清除能力，是活性氧的克星，具有显著的抗氧化延缓衰老、抗菌消炎、抗病毒、抗癌抗突变、调节免疫系统、降血脂和胆固醇等效果，已被广泛应用于各类药品中。由浙江大学茶学系杨贤强教授等在20世纪90年代研制的心脑健是中国第一个茶多酚药物，已成为我国心脑血管疾病的主要药物之一。在本书的第二、三章，我们较为全面地介绍了茶叶当中的功效成分及其保健功能，希望您在阅读之后，不仅能够了解茶叶具有哪些保健功能，同时也对其发挥保健作用的机理有一定的认识。

以“中国茶德”开拓饮茶健康之道

庄晚芳、张堂恒、刘祖生、童启庆等先生提倡的以“廉、美、和、敬”为核心思想的“中国茶德”强调以茶为媒介，探索自身感

知、认识、适应和改造客观环境，强化自身保健功能，达到人与自然、形与神、内与外、堵与疏、阴与阳和谐统一。茶所蕴含的“廉”之俭性，有助于遏制当今腐败之风，稳定社会结构、社会秩序、社会心理和社会文化，推动国家健康的可持续性；以“和”为核心的茶文化，提倡和诚处世，以礼待人，在以茶会友中建立和睦友爱的新型人际关系，对促进社会主义精神文明建设至关重要。在习茶过程中，饮茶之人常怀敬畏之心，追求人与人、人与自然的和谐，这一思想代表了可持续发展的全球意识和社会责任，有益于全人类的安全、健康、幸福。本书的第五章，在系统介绍饮茶对于精神健康的改善作用的基础上，也同时将茶文化推广与社会和谐等相关内容一同引入。

消费转型和回归，呼唤新的健康语法体系

茶树全身是宝，随着茶与健康研究的深入，同时响应国家发展大健康产业的号召，综合开发茶树资源已成为茶与健康领域的研究热点。我国拥有世界最大的茶园面积，大量夏秋茶浪费，还有茶花、茶果这些昔日的废弃物，可以将其应用于茶深加工产业，开发为保健品、食品、天然化妆品等，应用于衣食住行各个方面。本书的第六章围绕着茶叶深加工和综合利用，希望能够将茶产业发展的最新趋势带给大家。

在本书编写过程中，我们传承前辈茶学家的经典论断，同时融汇国内多所高校、多学科专家学者观点，兼顾学术与科普，既适合广大茶叶爱好者阅读，同时对于涉及茶健康学研究和开发的

科研人员，以及医药、农林、食品、饮料、日用化工、饲料及其他诸多领域的专业人士均有一定的参考价值。

杰里米·里夫金在《第三次工业革命》曾提出："人类需要寻求更加激越、更可持续、更符合自然和社会伦理的生产和生活方式。一个根本的出路就是以新一轮技术革命为支点，推进和实现新的产业革命"。当前，中国的和平崛起正推动中国文化、中国茶、中国茶文化更广泛为世界熟知、接纳并欣赏。健康红利的时代，中国茶需要新的生态方式，需要建立新的健康语法体系，需要茶生态健康评价机制，需要产学研结合可持续赋能。当健康语法比较完整的时候，中国茶产业的生态方式就走到了现代，走到了健全。

由于时间仓促和编者学养水平有限，难免有错漏之处，恳请读者批评指正。

王岳飞

2018 年 4 月于浙江大学紫金港校区

目 录

第一章 饮茶养生

自神农氏发现茶以来，“茶为万病之药”“饮茶养生”之说法一直流传至今。“养生”一词最早见于《庄子 · 内篇》，《中国中医药学主题词表》将“养生”一词定义为：“生，即生命、生存、生长之意；养，即保养、调养、培养、养护之意。通过养精神、调饮食、练形体、适寒温等各种方法实现，是一种综合性的强身益寿活动”。从古至今，嗜茶者大多延年益寿。同时，中医养生强调保养好“精、气、神”是养生的关键所在，喝茶可养精、补气、提神。因此，养生保健需饮茶，常饮茶，饮好茶，这对于缓解现代忙碌生活给我们带来的精神和身体的不适具有积极作用。

■ 神农尝茶

茶起源于中国，经过数千年历史的洗礼，已成为世界人民日常生活离不开的饮品，也因此与可可、咖啡并称为世界三大无酒精饮料。全球五大洲均产茶，近些年来更是被称为“21 世纪最佳饮品”。全世界超过 160 个国家的人民热爱饮茶，虽饮茶方式不尽相同，但茶带给人们的“舒适”的感觉已被世界人民所认可。茶有利于健康，饮茶更多地不是为了解渴，而是为了保健。在日本，茶饮料的销售量已超越碳酸饮料，居所有饮料之首。茶叶产销状况良好，已进入了茶叶行业发展的黄金时代。目前，国际市场上虽仍以红茶销量最大，但伴随人们对茶认识的深入，中国绿茶、乌龙茶、黑茶等逐渐成为国际市场上的新宠，这片小小的“东方树叶”蕴含的巨大能量已被无数人的亲身经历所证实，茶饮将更为流行。

2015年茶叶产销情况

近年来，伴随世界人民对茶叶需求量的提高，茶叶种植面积不断扩大，科学技术的进步也使得世界茶叶产量稳步增长。根据联合国粮农组织的统计，2015年世界各主要产茶国茶叶总产量达到528.5万吨，其中中国227.8万吨，位居全球第一，占世界茶叶总产量的43.11%，印度119.1万吨，肯尼亚39.9万吨，斯里兰卡32.9万吨，土耳其25.8万吨。很明显，五大产茶国仍然集中于东半球，总产茶面积占世界总面积的70%以上。

茶叶消费方面，2015年，世界茶叶总消费量达到494.4万吨，按世界总人口约为75亿计算，人均茶叶消费量为659.2克，中国茶叶消费总量为182.2万吨，按总人口13.68亿计算，人均茶叶消费量达到1 290克。人均茶叶消费量显著高于世界平均水平，中国毫无疑问是世界茶叶生产和消费大国。

同时茶叶的消费方式也在日益更新，除传统的茶叶产品外，速溶茶、袋泡茶、茶饮料、花草茶、脱咖啡因茶迎来了更多茶叶消费者。茶的保健功效日益被人们所重视，茶产业迎来了黄金发展时代。

饮茶保健，茶从最开始作为药用，逐步演变为食物，再到家喻户晓的饮品，从煮食到煮饮再到泡饮，千百年来其形式不断推陈出新，适应时代发展的潮流。其具有的保健功效一直被人们所重视，茶中富含的多种有益成分和成分间的协同增效作用使得茶成为中华民族最喜爱的天然饮品。茶与人体健康作为茶学学科的一个重要领域，自1987年日本科学家富田勋报道茶多酚组分表没食子儿茶素没食子酸酯（EGCG）对人体癌细胞可以起到抑制生长的作用后，一直是国内外学者研究的热点，并吸引着其他领域的科学家一同前来探索茶的养生功效。

近年来，随着现代科学技术的发展，茶学家、医药学家们通过应用生理、生化等手段，对茶及其功能性成分的生物活性和药理药效展开了深入的研究，不断从体外、细胞、动物实验层面证实了茶叶的保健功效。每年都有数百篇关于茶与健康最新研究成果的报道。从研究主题看，主要围绕三个主题：①茶叶有哪些保健功能？②哪些成分发挥着保健的作用？③这些功能性成分发挥作用的机理是什么？

一、茶是一种怎样的植物？

各种可以泡着喝的东西，东方人都习惯称其为“茶”，例如各种花茶：菊花茶、玫瑰花茶、金银花茶等；还有把某些其他植物的叶子烘干后制成的茶，如：苦丁茶、人参茶、银杏叶茶、绞股蓝茶、杜仲茶等。虽然上述的各类“茶”也具有很好的保健功效，然而我们这里所讨论的“茶”，特指由茶树的嫩叶和芽泡制而成的饮品。

1. 茶的基本概况

在植物分类系统中，茶树属于种子植物门中的被子植物亚门，双子叶植物纲，原始花被亚纲，山茶目，山茶科，山茶属（*Camellia*）。1753年，瑞典植物分类学家林奈（Carl von Linné）对中国武夷山茶树标本进行了研究，在其《植物种志》中将茶树命名为“*Thea sinensis* L.”，其中“*sinensis*”就是拉丁文“中国”的意思，故为“中国茶树”。1950年，中国植物学家钱崇澍根据国际命名规则，最终将茶树学名定为“*Camellia sinensis*(L.)O.Kuntze”。

茶树原产于中国西南地区的云贵高原，中国是世界上最早发现和开发利用茶的国家。茶树在中国被发现和利用约有5 000年的历史，人工栽培茶树也有3 000年的历史。至今在云、贵、川一带仍能看到参天的

■ 茶　园

茶是一种怎样的植物?

“茶”的植物学分类地位:

界	植物界
门	种子植物门
亚门	被子植物亚门
纲	双子叶植物纲
亚纲	原始花被亚纲
目	山茶目
科	山茶科
亚科	山茶亚科
族	山茶族
属	山茶属
种	山茶种

野生大茶树。树高可达 15 ~ 30 米，基部干围达 1.5 米以上，寿命达数百年，甚至超过 1 000 年之久。

普洱市镇沅千家寨的野生大茶树群落，位于原始森林中，地处北纬 24° 7′，东经 101° 14′，海拔 2 100 ~ 2 500 米的高度范围内。千家寨古茶树群落总面积达 28 747.5 亩*，是全世界目前发现的面积最大、最原始、以茶树为优势树种的植物群落。其中，千家寨 1 号（2 700 年）和 2 号（2 500 年）是迄今发现的最古老的野生大茶树。此外，在云南西双

■ 茶　树

* 亩为非法定计量单位，1 亩 = 1/15 公顷。—— 编者注

版纳勐海南糯山、巴达、澜沧景迈山、普洱景东邦崴等地都有着丰富的古茶树资源，这是祖先留给我们的瑰宝，也是有力证明茶树起源和进化的宝贵依据。

茶树为多年生、常绿木本植物，经济学寿命 50 ~ 60 年。树形上可以分为乔木、小乔木和灌木。

从叶片大小上分，可以分为大叶种、中叶种和小叶种。茶树叶片大小，

■ 西双版纳巴达野生大茶树

■ 普洱景东花山文岔野生大茶树

■ 普洱镇沅千家寨野生大茶树王

以定型叶的叶面积（叶长 × 叶宽 ×0.7）来区分。叶片的大小，长的可达 20 厘米，短的 5 厘米；宽的可达 8 厘米，窄的仅 2 厘米。

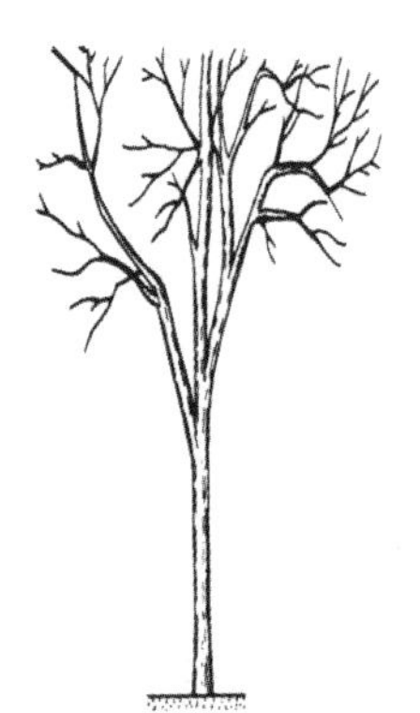

■ 乔木型茶树：树形高大，主干明显、粗大，分枝部位高，多为野生古茶树。云南是茶的发源地，在云南发现的野生古茶树，有树高 10 米以上，主干直径需二人合抱。

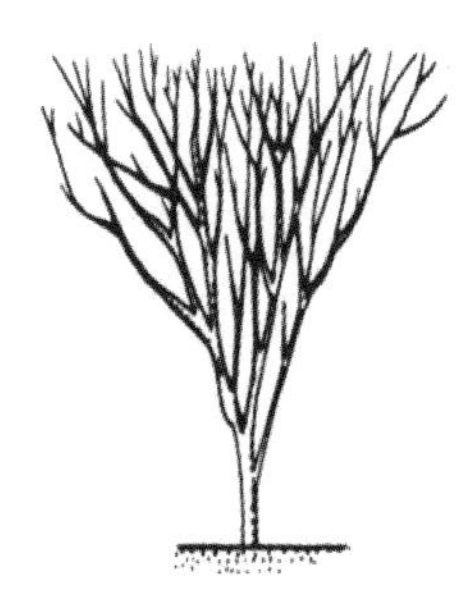

■ 小乔木型茶树：有明显的主干，主干和分枝容易分别，但分枝部位离地面较近，如云南大叶种栽培型茶树。

■ 灌木型茶树：主干矮小，分枝稠密，主干与分枝不易分清，我国栽培的茶树多属此类。

■ 乔木型茶树

■ 小乔木型茶树

■ 灌木型茶树

茶面积=长 × 宽 ×0.7

特大叶：叶面积大于 50 平方厘米

大叶：叶面积为 28 ～ 50 平方厘米

中叶：叶面积为 14 ～ 28 平方厘米

小叶：叶面积小于 14 平方厘米

大叶种

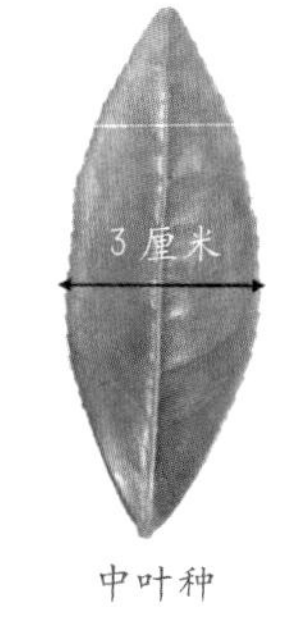

中叶种

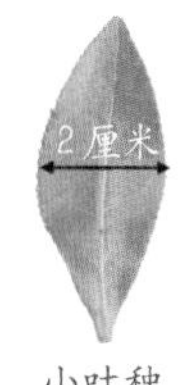

小叶种

■ 茶树不同叶片类型

茶树叶片

我们通常饮用的茶叶，具有明显的形态学特征：

A. 叶缘有锯齿，一般有 16 ～ 32 对，叶基无。

B. 有明显的主脉，由主脉分出侧脉，侧脉又分出细脉，侧脉与主脉呈 45° 向叶缘延伸。

C. 叶脉呈网状，侧脉从中展至叶缘 2/3 处，呈弧形向上弯曲，并与上一侧脉连结，组成一个闭合的网状输导系统。

D. 嫩叶背面着生茸毛。

■ 茶叶叶片的形态学特征

2. 六大茶类

茶叶最初的加工类型为绿茶，自清代以来，逐步形成了六大茶类并存的繁荣景象，改变了千百年来以饮绿茶为主的单一局面。六大茶类包括：绿茶、红茶、白茶、青茶（乌龙茶）、黄茶和黑茶，其分类标准主要是依据茶多酚的氧化程度，通俗来讲，不同茶类其发酵程度和烘焙程度都是不一样的，因此茶叶市场才会如此百花齐放。促使茶多酚氧化的是存在于叶绿体中的多酚氧化酶，二者反应程度不同使得各类茶呈现不同的颜色和性质。

绿茶加工的重要环节“杀青”，即将萎凋好的鲜叶放入杀青设备中，主要包括滚筒杀青和锅炒杀青，通过高温使多酚氧化酶瞬间失活，叶片中的茶多酚得到最大程度的保留，故常饮绿茶可摄入相对较多的茶多酚。

■茶叶细胞结构

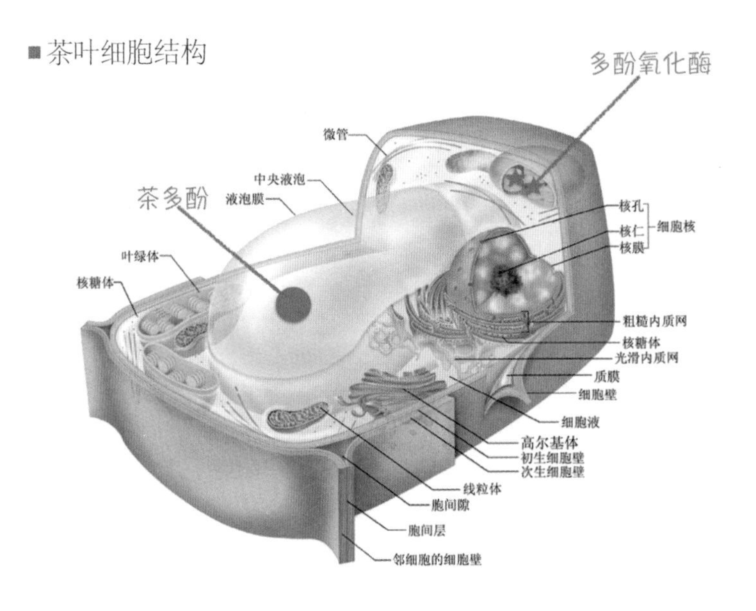

酶是一种蛋白质，在高温下易失活

杀青等工艺会抑制酶活性，使得茶多酚不被氧化，叶细胞不红变；

揉捻等工艺破坏细胞，使得位于不同细胞器的茶多酚和多酚氧化酶接触，茶多酚被氧化，叶细胞红变。

六大基本茶类

茶类	特征工序	品质特征	主要品种	发酵程度
绿茶	杀青	清汤绿叶	西湖龙井、信阳毛尖、洞庭碧螺春	未发酵
白茶	萎凋	白毫满披 汤色浅淡	白毫银针、白牡丹、寿眉	微发酵
青茶 （乌龙茶）	摇青	绿叶红镶边 香高味醇	武夷岩茶、铁观音、凤凰单丛	半发酵
红茶	发酵	红汤红叶	工夫红茶、红碎茶	全发酵
黄茶	闷黄	黄汤黄叶	蒙顶黄芽、平阳黄汤、广东大叶青	后发酵
黑茶	渥堆	色泽乌黑 汤色橙红	普洱茶、六堡茶、砖茶	后发酵

红茶在加工过程中通过揉捻，机械作用下，叶片细胞破裂，位于液泡中的茶多酚与叶绿体中的多酚氧化酶相遇，之后又在湿热条件下进行发酵，茶多酚充分氧化，大量的氧化产物如茶黄素、茶红素和茶褐素等茶色素生成。因此，红茶无论是干茶还是冲泡好的茶汤均变成了红棕色。乌龙茶特有的做青工艺使得乌龙茶的性质介于红、绿茶之间。做青即将萎凋后的鲜叶放于茶筐中，不断摇晃，使叶与叶及茶筐边缘相互碰撞，鲜叶边缘的茶多酚发生局部氧化，产生少量的氧化产物，成了乌龙茶独有的“绿叶红镶边”。为迅速结束该氧化过程，一般会在做青达到合适的程度后马上杀青，防止继续氧化。做青程度不同，使得乌龙茶香气众多，常以某一香气闻名，如熟果香、蜜兰香、芝兰香、鸭屎香等。白茶加工最为简单，只是将采下的多毫芽叶摊放一段时间，使其自然萎凋或日光萎凋，之后即进行干燥，让白毫尽可能保留而披在芽叶上形成“白毛披身”

的品质特征，因此多酚类物质氧化的很少，故为微发酵茶。黄茶的特殊工艺“闷黄”和黑茶的“渥堆”因为均是在杀青后才进行，即趁着杀青后的余热堆积起来，进行氧化。此时多酚氧化酶的活性已经丧失，其氧化发酵是在湿热和微生物的作用下完成的，即在非酶促的条件下反应，因此将其称为后发酵。

六大茶类加工工艺比较

茶类	加工工艺
绿茶	萎凋—杀青—揉捻—干燥
白茶	萎凋—干燥
黄茶	萎凋—杀青—揉捻—闷黄—干燥
青茶（乌龙茶）	晒青—晾青—做青—杀青—揉捻（包揉）—干燥
红茶	萎凋—揉捻（揉切）—发酵—干燥
黑茶	萎凋—杀青—揉捻—晒干—（渥堆—干燥）

六大基本茶类概况

绿 茶

绿茶清汤绿叶，持嫩性好，鲜叶通过适时摊晾、杀青、揉捻、干燥制成。

杀青是绿茶加工中的关键工序，目的是通过高温迅速抑制茶多酚氧化酶的活性，防止多酚等生物活性成分发生氧化。同时通过蒸发一部分水分，软化叶片，增加韧性，便于后期揉捻成型。绿茶根据杀青方式的不同可以分为蒸青和炒青，炒青起源于明代，目前也是主要以炒青为主，包括锅炒杀青和滚筒杀青，蒸青主要产于湖北恩施，蒸青绿茶源自唐宋时期的蒸青团饼茶，到宋代末期的蒸青散茶，绿茶品种逐渐丰富起来。蒸青传入日本后，成为日本的主要茶产品，如抹茶、煎茶、玉露等。

根据干燥方式的不同，绿茶又可以分为晒青、烘青和炒青，晒青即利用日光晾晒达到干燥的目的，烘青是利用烘笼进行烘干，烘青大多作为制作花茶的茶坯。

红　茶

红茶红汤红叶，鲜叶经萎凋、揉捻（切）、发酵、干燥制成。经过揉捻（切），鲜叶细胞充分破坏，促进茶多酚与多酚氧化酶相遇结合，发生氧化反应，形成茶黄素、茶红素、茶褐素等对品质有影响的茶色素。

红茶可以分为小种红茶、工夫红茶和红碎茶。小种红茶重烘焙，具有明显的松烟香和桂圆香。工夫红茶条索紧结，品类丰富，杭州的九曲红梅、福建的金骏眉、滇红、祁红、川红、湘红等都属于工夫红茶。另外，国际市场上主要交易红碎茶，占世界茶叶出口总量的80%左右，制作奶茶的原料也多采用红碎茶。

乌龙茶

半发酵的乌龙茶通常被描述为具有“绿叶红镶边”的特征。鲜叶晾晒后，经做青、杀青、揉捻（包揉）、烘焙制成。做青是乌龙茶加工的关键工序，通过摇青和静置不断交替，使得叶片发生部分氧化，香气也由原来的青草气逐渐向花香、果香、蜜香转化。

乌龙茶按产地可以分为四类：

闽北乌龙：以武夷岩茶为主，大红袍、水金龟、铁罗汉、白鸡冠、水仙、肉桂等；

闽南乌龙：铁观音、漳平水仙、永春佛手等；

广东乌龙：凤凰单丛、凤凰水仙、岭头单丛等；

台湾乌龙：由福建乌龙茶演变而来，目前根据发酵程度又可以分为轻发酵型（文山包种、冻顶乌龙等）和重发酵型（白毫乌龙、东方美人等）。

白　茶

白茶作为最原生态的茶，仅由鲜叶经自然萎凋，自然干燥制成。按照原料的老嫩度，可以分为全芽的白毫银针，一芽二叶的白牡丹，一芽二三叶的贡眉，还有单片叶的寿眉。民间常认为放置久了的白茶具有药用价值，即“一年茶，三年药，七年宝，”陈放后的白茶滋味醇厚，汤色趋于橙黄色。

黑　茶

黑茶可以分为生茶和熟茶，生茶即为晒青毛茶，其本质与绿茶无差，熟茶经历独特的渥堆工序，即在湿热作用下，伴随着微生物反应，水溶性糖和可溶性果胶增多，滋味趋于柔和。云南普洱茶、广西六堡茶、湖南黑茶、湖北老青砖、四川边茶都是黑茶的代表。

黄　茶

黄茶独具的“闷黄”工艺，使得在湿热作用下，叶绿素发生褐变，形成黄绿色的品质特征。目前黄茶产量较低，按照成熟度可以分为黄芽茶（君山银针、霍山黄芽、蒙顶黄芽等）、黄小茶（沩山毛尖、平阳黄汤等）和黄大茶（广东大叶青等）。

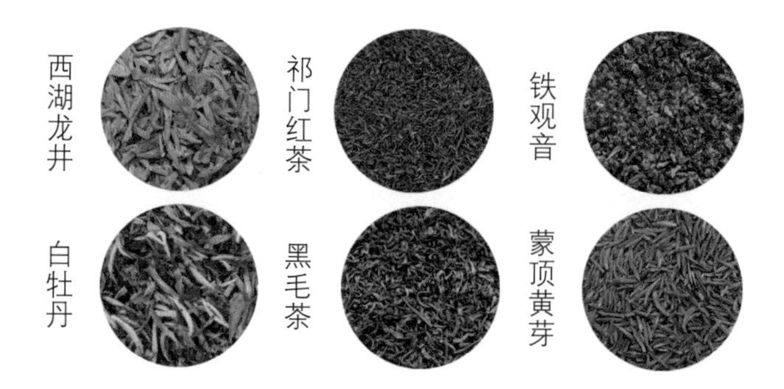

蒸　青

蒸青绿茶通过蒸汽杀青软化叶片，同时杀死多酚氧化酶的活性。蒸青团饼制作工艺复杂，明清时期倡导以散茶代替穷工极巧的茶饼。明洪武二十四年（1391 年），朱元璋下诏罢造团饼，开创了改团饼为散茶，改煮茶为泡茶的新纪元，饮用散茶成为不可抗拒的历史潮流。

蒸青团饼制作工艺：《茶经·三之造》中写到："晴，采之。蒸之，捣之，拍之，焙之，穿之，封之，茶之干矣。"

吴觉农先生在《茶经述评》里将整个过程表述为：

蒸茶—解块—捣茶—装模—拍压—出模—列茶（晾干）—穿孔—烘焙—成穿—封茶

目前，我国除湖北恩施外，浙江、江苏、湖北、江西、福建等省也有少量企业生产蒸青绿茶，以外销为主，且主要销往日本。蒸青绿茶最大限度的保留了叶绿素，香味独特，素有"三绿"的品质特征，即色绿、汤绿、叶底绿，带有海藻味的绿豆香或板栗香。近年来，不少食品企业将其加工成超微粉作为食品添加剂，起到增色提味的作用，如茶蛋糕、茶冰淇淋、茶瓜子、果冻等。日本所生产的茶叶基本上都是蒸青绿茶，按照档次不同，可分为煎茶、本玉露、碾茶、玉露、番茶、焙茶、玄米茶、茎茶、粉茶、玉绿茶等。

炒　青

既是杀青方式也是干燥方式，炒青绿茶品种丰富，在我国绿茶市场上占很大比例。浙江杭州的龙井茶、江苏洞庭山的碧螺春、安徽黄山的黄山毛峰、河南信阳的信阳毛尖等都是炒青茶的代表。

目前炒青工艺已基本实现机械化，包括锅炒杀青、滚筒杀青和槽式杀青，以滚筒杀青最为普遍。

干　燥

炒青同样是干燥的主要手段，按照形状来细分，可以分为圆炒青（珠茶）、扁炒青和长炒青（眉茶）。

除了炒青干燥外，烘青和晒青也是重要的干燥方式。尤其是在西南地区，光照强，多采用晒青的方式，晒青成本低，但所需时间较长，受自然条件影响大，因此具有一定的地域限制。

3. 茶叶中的化学成分

茶叶中存在着多种化学成分，经过分离鉴定的成分已有 700 余种。茶树鲜叶中水分占 75% 左右，干物质约占 25%，干物质中包含蛋白质、糖、脂类、色素、氨基酸、矿物质、维生素、有机酸等丰富的营养物质。茶叶功效成分茶多酚占茶叶干物质的比例达 18% ～ 36%，已被证实具有多种保健养生功效。茶叶中特有氨基酸茶氨酸，占氨基酸总量的 70% 左右，有显著的镇静安神的保健作用。茶中还含有丰富的生物碱类物质，包括可可碱、咖啡因和茶碱，其中以咖啡因含量最高。另外，还有几百种芳香物质为不同品种的茶带来了独有而迷人的香气。其中，茶天然产物茶多酚、茶氨酸、咖啡因等由于与茶叶的品质和保健功能密切相关，将其统称为茶功能性成分。

茶叶中的化学成分

• 茶叶中化学成分众多，已分离鉴定出的化合物就有 700 余种

• 茶树鲜叶中，水分约占 75%，其余的是干物质

• 干物质中含有：蛋白质、茶多酚、糖、脂类、生物碱、氨基酸、矿物质、色素、维生素、芳香物质等。

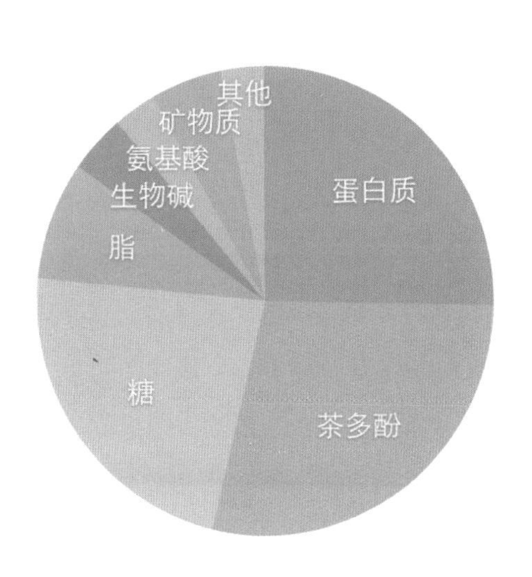

成分	含量	组成
蛋白质	20% ~ 30%	谷蛋白、精蛋白、球蛋白、白蛋白等
糖	20% ~ 25%	纤维素、果胶、淀粉、葡萄糖、果糖、茶多糖等
茶多酚	18% ~ 36%	儿茶素、黄酮、黄酮醇、花青素、花白素、酚酸、缩酚酸等
脂类	8%	磷脂、硫脂、糖脂、茶皂素等
生物碱	3% ~ 5%	咖啡因、茶碱、可可碱等
氨基酸	1% ~ 4%	茶氨酸、天门冬氨酸、谷氨酸等
矿物质	3.5% ~ 7%	钾、磷、钙、镁、铁、锰、锡、铝、铜、硫、氟等
色素	1%	叶绿素、胡萝卜素类、叶黄素类、花青素类等
微生物	0.6% ~ 1%	维生素C、维生素A、维生素E、维生素D、维生素B_1、维生素B_2、维生素B_6等
芳香物质	0.005% ~ 0.03%	醇类、醛类、酸类、酮类、酯类等

二、茶之药理记载

茶作为一种木本植物，目前主要作为人们解渴的饮品，而在古时候，人们则更多地将其视为食品、甚至是药品。近年来，随着人民生活水平的不断提高，人们对入口之物越来越重视，“养生之道”时常挂在嘴边。一些现代社会产生的慢性病不断影响着人们的正常生活，大荤已不再流行，素食、五谷杂粮、食疗药膳吸引着越来越多的人。大街小巷、超市药店更是充斥着各种各样保健品、营养品的广告。殊不知，早在古时候，我们的祖先就提出了“药食同源”的思想，认为药物的“四性”“五味”理论同样适用于食物，而这一思想则源于炎帝神农。

茶作为饮品的一种，可以起到延年益寿的作用，而且其口感温和更是相比其他保健中药材更受人们欢迎。从茶圣陆羽（72岁）到“君不可一日无茶”的乾隆皇帝（88岁），喝茶延年益寿已经不仅仅是一句宣传用语，更是被广大实践所证实的科学道理。

“茶圣”陆羽（733—804 年）

唐复州竟陵（今湖北天门）人，字鸿渐，一生嗜茶，对茶科学以及茶文化都有自己全面的认识。首创了“精行俭德”的中国茶道精神。

“自从陆羽生人间，人间相学事新茶”。唐代时，陆羽《茶经》问世，《茶经》是中国乃至世界现存最早、最完整、最全面介绍茶的第一部专著，被誉为“茶叶百科全书”。

■ 陆羽（绘画　胡金刚）

《茶经》分为十章，共 7 000 余字，是一部关于茶叶起源、种植、采摘、加工、品饮等多方面的综合性论著。历经 30 余年，凝聚了陆羽大半生的心血，是一部划时代的茶学专著。

1. 茶之为饮，发乎神农氏

茶起源于我国云贵高原，几千年来茶叶种植范围从西南到东北，又从中国传向了世界。茶在我国最早是作药物使用，被称作“茶药”。炎帝神农是发现和利用茶的第一人，神农即炎帝，作为中华民族的始祖，也是传统农耕文明的缔造者。《淮南子 · 修务训》称：“神农尝百草之滋味，水泉之甘苦，令民知所避就。当此之时，一日而遇七十毒”。远古时期，先民尚不能辨别入口之物的毒性，人们时常忍饥挨饿，也时常因为吃错东西沾染毒性而生病，于是神农决定遍尝百草以减少世间疾病的发生。相传神农人身牛首，高八尺七寸，其透明的肚子使其五脏六腑均可看见，因此能够通过观察食物在肚子中的反应辨别食物的毒性。相传神农在遍尝百草的过程中，不小心尝到了毒草，顿时头晕目眩，面色苍白，随即靠在一棵大树下休息。过了一会儿，一阵微风吹过，树叶飘落在神农身边，神农见此叶散发着清香的气味，遂拣了两片咀嚼，不料顿时神清气爽，疲劳感全无，而且可看见它在肚皮内缓慢移动，并将毒草产生的毒渍一点一点擦洗干净，来来回回就像巡逻的哨兵一样，故将其命名为“茶”（谐音“查”）。现存最早的中药学著作《神农本草经》中就有关于此的记载：“神农尝百草，日遇七十二毒，得荼而解之”。此处的“荼”即为“茶”，此外“茶”还有多种称谓，包括：“茗”“荈”“葭”等。因此，茶的利用源于上古神农时期，而且最早是因其药用价值而受到人们关注的。

神农（前3245—前3080年）

即炎帝，是远古传说中的太阳神。传说中农业和医药的发明者，遍尝百草，教人医疗与农耕，保佑农业收成、人民健康，被世人尊称为“药王”“五谷王”“五谷先帝”“神农大帝”“地皇”等。神农氏尝尽百草，只要药草是有毒的，服下后他的内脏就会呈现黑色，以此来辨别药草毒性。后来，由于积毒太深，不幸身亡。

■ 神农采药

2. 古代文献记载

《神农食经》中有记载：“茶叶利小便，去痰热，止渴，令人少睡，令人有力悦志”。《神农本草经》中写道：“茶叶苦，饮之使人益思，少卧，轻身，明目”。几千年来，茶的药用价值一直被人们颂扬，古代人们便有“无茶则病，有茶则安”的说法。茶在周代以前一直只局限于四川云南等地，直到商末周初即“鲁周公”时期才逐渐传入中原。因此，陆羽《茶经·六之饮》中写道：“茶之为饮，发乎神农氏，闻于鲁周公”。

■ 陆羽与茶经（绘画　胡金刚）

汉代，中国文人将茶作为长生不老的仙药。西汉司马相如在《凡将篇》中把代表茶叶的“荈诧”与桔梗、贝母、芍药、芒硝、茱萸、白蔹、白芷等一起列入药物名单。东汉末年，南阳医圣张仲景，在《伤寒杂病论》中记载：“茶治脓血甚效”。三国时的名医华佗，在其著作《食论》中写到“苦茶久食益意思”。三国时的“三生茶”中包含米、姜和茶叶，将其捣碎后加盐冲泡，可起到解暑的作用。唐代医药学家陈藏器在其编著《本草拾遗》中写到，“茶能止渴消食，除痰少睡，利水道，明目益思，除燥去腻”，表明饮茶可以降脂减肥，促进消化。唐代卢仝在其《走笔谢孟谏议寄新茶》中将喝茶的感受描述为：“一碗喉吻润，二碗破孤闷。三碗搜枯肠，惟有文字五千卷。四碗发轻汗，平生不平事，尽向毛孔散。五碗肌骨清，六碗通仙灵。七碗吃不得，唯觉两腋习习清风生”。《唐本草》中有“茶主瘘疮，利小便，去痰热渴”“主下气，消宿食”

等记述。陆羽《茶经·一之源》中记载："精行俭德之人，若热渴、凝闷、脑疼、目涩、四肢烦、百节不舒，聊四五啜，与醍醐甘露抗衡也"。宋朝大诗人苏轼在其《仇池笔记》中的《论茶》部分中写道："除烦去腻，不可缺茶，然暗中损人不少。吾有一法，每食已，以浓茶漱口，烦腻既出，而脾胃不知。肉在齿间，消缩脱去，不烦挑剌，而齿性便若缘此坚密。率皆用中下茶，其上者亦不常有，数日一啜不为害也。此大有理"。表明苏轼认为茶可以起到巩固牙齿，清洁口腔的作用。宋徽宗命其太医院所编《圣济总录》中记载用茶治疗霍乱："茶末一钱煎水，调干姜末一钱，服之即安"。宋代林洪在《山家清供》中直接写道："茶，即药也"。饮茶除了可以缓解身体的不适，还可以提神醒脑，祛烦闷，清除疲劳。宋代吴淑《茶赋》中写道："夫其涤烦疗渴，换骨轻身，茶荈之利，其功若神"。元代王好古在其中药学著作《汤液本草》中记载："茶可治中风、昏聩、多睡不醒"。明代谈修《滴露漫录》中也写道"以其腥肉之食，非茶不消，青稞之热，非茶不解"来记述边疆人民对茶的需求，表明饮茶可以作为消食的饮料，促进食物的吸收转化。《明史食货志》中也有"番人嗜乳酪，不得茶则因而病"之语。明代医药学集大成家李时珍在其所著《本草纲目》中全面地罗列了茶的药用价值，包括："破热气，除瘴气，利大小肠""饮食后浓茶漱口，既去烦腻，而脾胃不知，且苦能坚齿消蠹""清头目，治中风昏愦，多睡不醒""茶苦而寒，最能降火，火为百病，火降则上清矣！温饮则火因寒气而下降，热饮则茶借火气而升散，又兼解酒食之毒，使人神思爽，不昏不睡，此茶之功也"。明代养生学家高濂的养生经典《遵生八笺》上将茶的功效明确为："人饮真茶能止渴，消食，除痰，少睡，利水道，明目，益思，除烦去腻，人固不可一日无茶"。可见古人对茶的功效有着丰富的认识，茶不仅可以使人少睡、明目、有力气、减肥、消脂去腻，也能够愉悦精神，提高思维的灵敏度，其功效甚至不输于“醍醐与甘露”。

3. 民间喝茶养生习俗

茶最开始作为药用，后发展为食用，至明清时期才发展为清饮。唐代以前，饮茶只局限于上流社会，民间很少饮茶。西汉时期甚至只有四川一带饮茶，王褒《僮约》中记载：“烹茶尽具，武阳买茶”（武阳：今成都以南彭山县双江镇）。表明汉朝时期西南地区不仅饮茶之风逐渐兴盛，也出现了与之相配套的茶具，慢慢地饮茶风气逐渐由四川向京城（长安）及长江中下游传播。到了唐宋，饮茶之风盛行，不仅在中原广大地区流行，且逐渐传到边疆，宋朝时茶已经成为寻常百姓人家“开门七件事之一”。明清两代，废饼茶，兴散茶，六大茶类正式形成。

我国茶区分布广阔，近年来，甘肃、西藏等地茶叶试种成功，产区遍及全国20个省（自治区、直辖市）。2015年茶园面积增至3 387万亩，

一字至七字诗·茶

唐 元稹

茶，

香叶，嫩芽。

慕诗客，爱僧家。

碾雕白玉，罗织红纱。

铫煎黄蕊色，碗转曲尘花。

夜后邀陪明月，晨前命对朝霞。

洗尽古今人不倦，将知醉后岂堪夸。

较2014年增长228万亩，部分省份如贵州、湖北、四川重点发展茶产业，茶园面积显著增加。同时，茶叶生产也是山区农业生产的重要内容，有些山区从事茶业的人口达40%，如安徽祁门县就有90%的乡村种茶卖茶。大力发展茶产业，对提高山区人民生活水平大有裨益。茶叶消费区域也是持续扩大，北方市场茶叶消费量快速增长，饮茶养生已经成为越来越多人的选择。

（1）少数民族饮茶养生习俗

自古以来百姓开门七件事“柴米油盐酱醋茶”，文人切磋技艺离不开“琴棋书画诗酒茶”。茶兴于唐而盛于宋，几千年来盛世饮茶，乱世饮酒，随着时代的更迭，茶与各民族的繁荣稳定息息相关。茶马古道、丝绸之路，茶作为一种富含文化的商品将各民族乃至亚非欧大陆紧密联系在一起。

我们熟知的蒙古族“宁可三日无肉，不可一日无茶”“一日无茶则滞，三日无茶则病”的俗语描绘了茶作为其生活必需品的重要性。蒙古族由于居住地缺少蔬果，又常吃肉，经常便秘，严重者会生病。宋辽时期，茶传入边疆，且逐渐成为其生活的必需品。蒙古族多将砖茶与牛奶或羊奶和其他佐料混合在一起制成奶茶，具有消腥肉之食的作用。砖茶不仅含有茶的基本成分，而且由于其原料粗老，茶多糖含量更高。实验证明茶多糖对于降血糖具有显著疗效，其中所含膳食纤维、维生素及矿物质含量高，这些物质不仅可以促进肠道蠕动，而且

■ 酥油茶

可以补充少食蔬菜所缺乏的营养。由于蒙古族是游牧民族，砖茶便于携带的特性自然更受该民族的喜爱。

生活在云南大理的白族热情好客，其“三道茶”特有的“一苦二甜三回味”特征早已被大家所熟知。其中，不仅蕴含着深刻的人生哲理，而且“三道茶”给身体带来的保健功效也是值得发掘的。所谓“白族三道茶”，第一道“苦茶”是将晒青毛茶放在炉火上的陶罐中烤炙，加热水冲制而成。在云南，茶叶大多经简单的杀青、揉捻和日光照晒完成，即我们通常所称的“晒青毛茶”。然而晒青毛茶本身性寒，与绿茶加工方式相似，保留了大量未被氧化的茶多酚，对肠胃有一定的刺激，而在冲饮之前对其进行烤炙可促进茶叶后熟，使其性质变得相对柔和。第二道和第三道茶中要加入大量的佐料，如蜂蜜、乳扇末、芝麻、核桃仁、姜片等。这些佐料具有非常好的滋补作用，如乳扇末，为白族特产，是牛奶经烤制形成，生成的乳酸具有助消化的作用；姜片性温，可以祛风寒；蜂蜜虽性寒，但与姜片等中和后，可以起到补中气、治便秘的作用。

生活在云南西双版纳等地的布朗族，好制酸茶，口味酸甜可口，取一芽三四叶的夏秋茶，将其煮熟，放在通风、阴暗、干燥的地方方便其自然发酵。当失水率达50%～60%时，将其装入竹筒内，压实、封口后埋入地下干燥处，数月后即可取出食用。酸茶原料相对粗老，咖啡因含量低，因此酸茶非常适合对咖啡因敏感的人群食用。同时发酵过程中，在湿热和微生物的作用下，茶多酚逐渐氧化缩合形成滋味较为柔和的茶色素。酸茶适当的酸味可以增加食欲，令人心情愉悦。布朗族通常喜欢在吃饭的时候，加些酸茶和辣椒一起食用。

苗族、彝族的独特的盐巴茶是在茶中加入适量用火烧过的盐巴，据说具有抑制腹泻的作用。纳西族的“龙虎斗”，将滚热的茶汤与白酒兑在一起，可以听到“滋啦”的响声，若其中再加入辣椒，感冒的人喝一

■ 彝族盐巴茶

■ 土家族擂茶（凤冈县茶叶办 摄）

杯，休息片刻，即可生龙活虎。此外，侗族的打油茶、傣族的竹筒香茶、土家族的擂茶以及维吾尔族的香茶等都各具民族特色。

贵州苗族有一与茶相关的特产称为“虫茶”，是苗族人有意拿苦茶（苦丁茶，Camellia assamica var. kucha）枝叶喂虫，得其粪便制成的，其实质类似于普洱茶的渥堆工艺，只不过整个过程是在虫子体内进行的。相比生茶，这种“熟茶”可能更利于人体吸收利用。研究发现虫茶中氨基酸含量高于普通茶叶，可能是由于茶中的蛋白质在虫子体内分解为氨基酸造成的。另外矿质元素锌、铁含量也相对较高，是一种补充微量元素的天然来源。此外还有云南少数民族自唐代沿袭下来生产的普洱茶膏，清代《本草拾遗》上就有对茶膏功能的记载。茶膏类似速溶茶，通过浓缩熬煮，使其有效成分含量极高，具有卓越的保健功能，至今市面上仍有大量销售且价格不菲。

■ 虫茶产生过程

（2）不同区域饮茶养生习俗

“十里不同风，百里不同俗”，在饮茶这方面也不例外。从北纬18°的山东到南纬37°的海南岛，从东经94°的西藏到122°的台湾都有茶叶分布的痕迹，包括浙江、湖南、湖北、安徽、四川、重庆、福建、云南、广东、广西、贵州、江苏、江西、陕西、河南、台湾、山东、西藏、甘肃、海南20个省（自治区）的上千个县市。

从西南到东北，茶树从乔木型过渡到了灌木型，茶叶也从大叶种逐步过渡到了小叶种。传统意义上我国茶叶产区依据地理位置及出产茶叶特点可分为四大茶区，包括江北茶区、江南茶区、西南茶区和华南茶区。江北茶区主要包括江苏、安徽的部分区域以及山东、河南、陕西和甘肃；江南茶区包括江苏、安徽、福建的部分区域以及湖北、湖南、江西、浙江，是茶叶的主产区；西南茶区包括四川、重庆、贵州、云南和西藏；华南茶区覆盖福建省部分区域以及广东、广西、海南和台湾。

茶叶内含物质种类受自然环境影响大，温度越高、日照越强，则碳代谢越强，氮代谢越弱，茶多酚含量越高，氨基酸含量越低；温度越低、日照越弱，则茶多酚含量越少，氨基酸含量越高。整体来讲，从西南到东北，茶多酚含量逐渐降低，氨基酸含量逐渐升高。对于某一地区来讲，则海拔越高，温度越低，茶多酚含量越低，氨基酸含量越高。高山地区云雾缭绕，太阳光照到云雾上大部分被反射回去了，照到茶叶上的都是散射光，光照弱，因此茶叶滋味比较柔和，故有“高山出好茶”的说法。同一海拔而言，则向阳面茶多酚含量较高，氨基酸含量较低。因此，我们通常用“酚氨比”来衡量茶叶品质口感，酚氨比高，则茶叶较涩，酚氨比低，茶叶口感比较柔和鲜爽。

因此，不同区域生活着的人们因为茶叶原料的不同，创制了多种茶叶类型及加工方式。如普洱茶起源于云南南部普洱市，由云南大叶种制作而成，清朝时曾是皇家最为喜爱的贡茶。现代医学已证明普洱茶具有显著的降脂减肥、防癌、防动脉硬化等作用。按照加工方式的不同，普洱茶可以分为生茶和熟茶，二者均由晒青毛茶加工而来，但熟茶由于特殊的渥堆发酵工艺使其性质由寒转温。因此生茶性寒，茶多酚和咖啡因含量均高于熟茶，对胃刺激性较大，本质即为绿茶。而熟茶在湿热和微生物的作用下，茶多酚大量氧化为茶黄素、茶红素和茶褐素，收敛性降低，且干燥过程中温度高，咖啡因部分升华，刺激性减轻，因此更适合肠胃不好的人饮用。红碎茶乃大叶种红茶制成，产地包括海南、云南、广东等省，品质具有"浓强鲜"的特点，其中多酚物质及其氧化产物含量丰富。

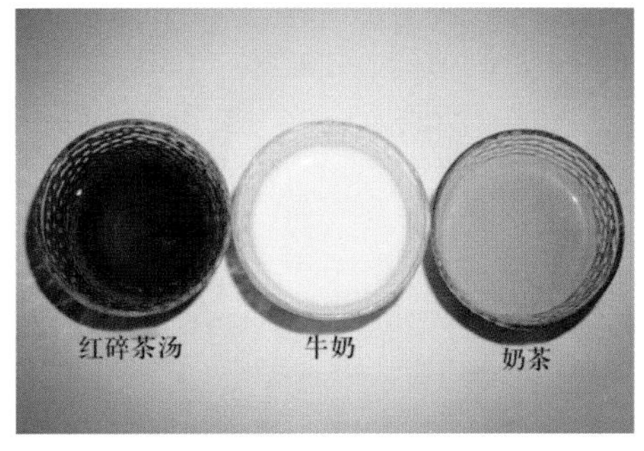

■ 红碎茶

红碎茶，主要产于我国云南、广东、广西、四川、海南等省，是我国出口红茶的主要品种，其以大中叶种所制品种最好。

红碎茶根据外形大小可以分为叶茶类、碎茶类、片茶类、末茶类和混合碎茶。鲜叶经萎凋后直接揉切，之后发酵、干燥获得初制茶。其中揉切是红碎茶的特有工艺。通过快速、强烈地将萎凋叶切碎，与大宗红茶的揉捻工艺相比，大大提高了生产效率，为茶多酚进一步氧化成茶黄素和茶红素奠定良好基础。

红碎茶的主要特色是其浓、强、鲜的风味，这是由于红碎茶发酵程度较轻，香气高锐持久。通常红碎茶会与奶一起调饮，改善口感和滋味，同时红碎茶也是众多奶茶店选用的茶原料。

近年来，用红碎茶冲泡奶茶流行开来，既好喝又健康。通常建议先加奶后加茶，热茶加入牛奶中，牛奶温度较低，此时蛋白质会与茶中的多酚类物质结合，掩盖多酚的苦涩味。而如果将牛奶加入滚烫的热茶中，则蛋白质变性，难以起到络合的作用。因此，喜欢香浓口感的朋友不妨试试用红碎茶冲泡奶茶，不仅口感醇和，而且茶和牛奶中的元素富集一身，健康又美味。

乌龙茶，其发酵氧化程度介于绿茶和红茶之间，根据产地划分，大致可分为闽北乌龙、闽南乌龙、广东乌龙和台湾乌龙。由于产地不同，所产乌龙茶各具特色，香气韵味独特。福建和台湾的乌龙茶原料多为中小叶种，而广东乌龙则多为大叶种制得，多酚含量较高，因此品饮起来收敛性更强，涩味也就更明显，代表品种包括：凤凰单丛、岭头单丛等。为更充分地品饮乌龙茶，广东人开创了较为复杂的乌龙工夫茶泡法，他们不仅视饮茶为一种乐趣，而且深知茶的保健功能。至今闻名遐迩的“潮汕工夫茶”就是其中最好的代表，据统计广东省人均喝茶量居全国第一，家家户户均饮茶，饮茶量约是全国平均水平的两倍。

“潮汕工夫茶”其中的“工夫”二字即表示做事考究、细心，几乎潮汕地区的每户人家里都会准备几套工夫茶具用以自家饮用和接待客人。完整的工夫茶具包括红泥小火炉、茶海、茶壶、公道、茶杯、茶洗等。历史上闻名的饮乌龙的茶具四宝“玉书煨”“潮汕炉”“孟臣罐”“若琛瓯”就是其中的典型代表。“玉书煨”即烧开水用的壶，水沸时，盖子“卜卜”作响，可以起到提示的作用。据传“玉书煨”是由古代一制壶名匠玉书设计制造而成的，所以后人取名“玉书煨”。“潮汕炉” 是一只缩小了的粗陶炭炉，专作加热之用，高六七寸，炉面有平盖，炉门有门盖，泡茶结束后，两个盖都盖上，炉中的余炭便自行熄灭，特别方便。“孟臣罐”即泡茶用的紫砂壶，明末清初制壶大家惠孟臣擅制小壶，故将其作品称作“孟臣罐”。该罐一般容积小于300毫升，可在手中把玩，选用小壶也可有效防止香气散失。“若琛瓯”是一种典型的品茗杯，小似半个乒乓球。相传最初为景德镇若琛所制，美观耐用，正宗的若琛茶杯底有“若琛珍藏”字样。若琛以制茶具美观、耐用而闻名，一个恶毒的巫师知道后，念了一道毒咒，毁坏了茶具。要解开这道咒语，需有一名年轻人投入烧茶具的炉火。于是，若琛很勇敢地投入熊熊烈火中，咒语得以解开，茶具也恢复了原样。人们为了纪念若琛，通常在泡茶时将

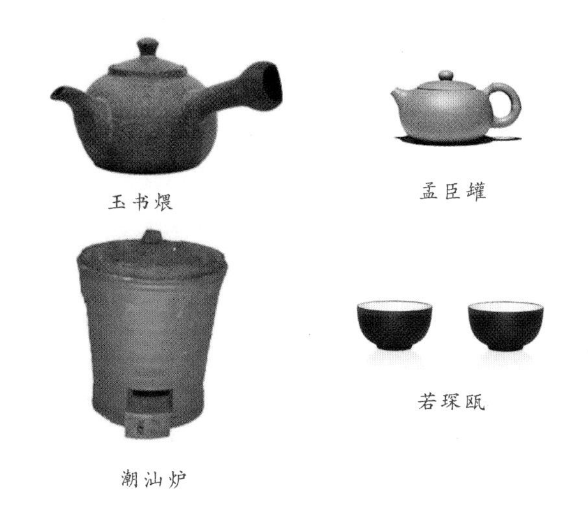

■ 茶具四宝

第一泡茶水倒掉，称为“琛瓯洗尘”。

“潮汕工夫茶”尤其讲究“斟茶”的步骤，我们常听到的“关公巡城”和“韩信点兵”就出自“潮汕工夫茶”。“关公巡城”强调斟茶时茶壶应巡回于各杯之间，而不是依次倒茶，“韩信点兵”则指剩下的余津需依次点入待分的品茗杯中，二者皆是为了保证每杯中的茶汤浓度均匀。除了“关公巡城”和“韩信点兵”，“潮汕工夫茶”的冲泡过程中还强调“高冲低洒”。茶叶中的氨基酸在70° ~ 80° 时易于溶出，而多酚

类物质和咖啡因易溶于沸水。强调注水要高冲，实质上是为了降低沸水的温度，减少多酚和咖啡因的溶出，减少茶汤的苦涩味。同时茶叶中的芳香物质在高温条件下也容易挥发，因此斟茶的时候应低洒，减少香气的散发，故冲泡过程中强调“高冲”和“低洒”以保证茶汤的口感和香气。

■ 关公巡城

■ 韩信点兵（摄影　程刚）

(3) 茶在世界范围内的传播

世界范围内来看，中国茶叶海外传播已有近2 000年的历史，全世界有60多个国家实现了人工种茶，主要集中在亚洲、非洲和拉丁美洲。北纬49° 至南纬33° 均有茶区分布。目前已有160多个国家和地区饮茶，茶叶已经成为了惠及30多亿人（约占世界一半人口）的大众化饮品。从“茶”字的发音来看，不同国家地区仍然大部分沿用了汉语“cha”的发音，如朝鲜：cha，日本：cha，印度：chai，俄罗斯：chai，葡萄牙：cha，波兰：chai，伊朗：chay，土耳其：cay，菲律宾：cha，越南：cha。

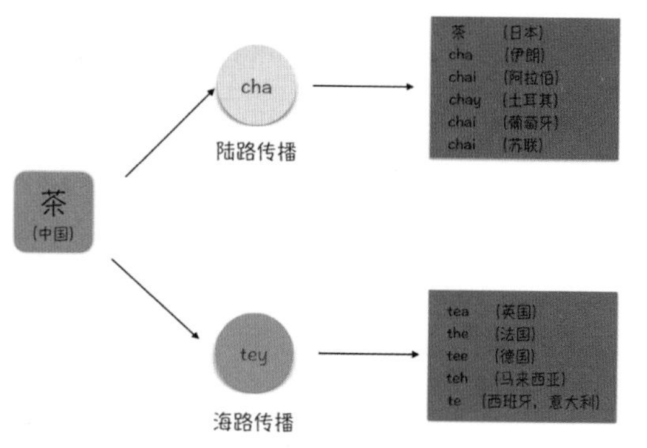

日本著名的荣西禅师于宋代来中国留学，在其撰写的《吃茶养生记》中写道：“茶者，养生之仙药也，延寿之妙术也；山谷生之，其地神灵也；人伦采之，其人长命也。天竺唐人均贵重之，我朝日本酷爱矣。古今奇特之仙药也。”荣西也被称为日本的“茶祖”，在宣传饮茶健身的功效方面发挥了非常重要的作用。建保二年（1215年），荣西献上二月茶，治愈了源实朝将军的热病，自此，日本饮

■ 荣西与吃茶养生记

茶之风更为盛行。

欧洲，茶叶的风靡也与茶的健康功效密不可分。17世纪，茶由荷兰迅速在整个欧洲盛行起来，那时茶主要是在药房中出售，即作为药用。英国国王查尔士二世的新娘凯瑟琳，原为葡萄牙的公主，嫁到英国后，积极宣传饮茶，她的苗条身材引得周边很多朋友的羡慕，当得知是因为这片小小的“东方树叶”时，饮茶之风也日益兴盛起来。

三、现代医学论证

茶叶的保健功效已被科学家从多方面证实，不仅能够缓解疲劳、提神益思，还能清除自由基，防癌抗衰老，这都归功于茶中丰富的有益成分，如茶多酚、茶氨酸、咖啡因、茶多糖、叶绿素、维生素、矿物质等。

目前学术界关于茶保健成分研究的最多的要属茶多酚，茶多酚具有卓越的抗氧化、清除自由基的活性。通过牺牲自己，与自由基结合，来减少自由基对机体的伤害，俗话说“自由基是万病之源”，抑制自由基，也就从源头上制止了疾病的发生。茶叶具有抗菌消炎的作用，也与茶多酚有关。茶多酚还可以有效地防辐射，第二次世界大战期间广岛地区由于被投放原子弹，周边有许多人得了癌症，然而茶农和嗜茶者发病率很低。目前也有大量关于茶叶抗癌功效的研究，资料显示茶多酚可以有效预防特别是子宫癌、卵巢癌、乳腺癌、前列腺癌等生殖系统的癌症，对其他癌症也有一定的预防作用。茶叶兴奋提神的功效与咖啡类似，与其中所含的咖啡因密切相关。茶多糖也是茶叶中的保健成分，近年来开始流行的冷泡茶尤其适合糖尿病人饮用。茶多糖由于热稳定性不好，因此用冷开水泡茶使得茶多糖不会被高温破坏，可以更好地发挥其降血糖的功效。

四、饮茶长寿代表

茶叶从最初的单一茶类发展为现在的六大茶类，其加工过程与中药的炮制过程极其相似，通过改变茶本身的特性，保留目的成分而去除杂质。茶的保健功效，不仅在于它内含丰富的成分，也与其带给人们的高雅享受有关。“茶”字本身蕴含着对“茶寿”的解释，“茶”即“人在草木中”，上面草字头代表二十，中间人和下方的十代表八十，再加上十字左右的两撇，即为八字，故茶寿为“二十加八十加八等于一百零八”岁。随着时代的发展，医疗水平的进步，人民的寿命从新中国成立初期的 40 岁提高到如今的 75 岁左右，比其他发展中国家高出 7 岁左右，然而距离达到“茶寿”还是有很大的空间。喝茶养生，无论是在身体健康方面，还是心理健康方面都有积极作用。

茶 = 20+80+8
= 108岁

■ “茶”字与“茶寿”

茶界泰斗张天福先生，就是“年逾茶寿”的典型代表。2010 年，100 岁的张天福老人与 58 岁的张晓红女士举行了隆重的婚

■ 浙江大学教师代表看望张天福老先生

茶学大家

吴觉农（1897—1989 年）

浙江上虞人，著名农学家、农业经济学家、社会活动家。我国茶业复兴和发展的奠基人，被誉为当代“茶圣”。1987 年，出版了一生中最后一部具有重要意义的著作《茶经述评》，被誉为“新茶经”，在茶学发展历程上具有里程碑意义，为发展我国茶叶事业做出了卓越贡献。

庄晚芳（1908—1996 年）

福建惠安人，茶学家、茶叶栽培专家，我国茶树栽培学科的奠基人之一。在茶树生物学特性和根系研究方面取得了重大成果。晚年致力于茶业的宏观研究，对茶历史以及茶文化的研究做出卓越贡献，著有《茶作学》《茶树生物学》《茶树栽培学》《茶树生理》《茶叶经济》《茶业贸易学》等著作。

陈椽（1908—1999 年）

福建惠安人，茶学家、制茶专家，是我国近代高等茶学教育事业的创始人之一，著有《制茶全书》《茶叶检验》等著作。1979 年撰写了《中国云南是茶树原产地》，对国内外产生深远影响。确立六大茶类科学的分类方法，撰写国内外第一部茶史专著《茶业通史》。

冯绍裘（1900—1987 年）

湖南衡阳人，机制茶之父、滇红创始人，是滇红集团首任厂长，中国著名的红茶专家。他一生致力于茶叶研究和生产，改写了戴维斯描述的云南茶叶历史。他寻得中国红茶宝地，创制出世界一流红茶，并且开启了中国红茶新纪元，为我国培养出大批的茶叶专家。

王泽农（1907—1999年）

安徽婺源人，茶学家、茶学教育家、茶叶生化专家。参加筹创了我国高等学校第一个茶叶专业，是我国茶叶生物化学的创始人。主编了《茶叶生化原理》《中国农业百科全书·茶业卷》。创导茶学研究的生物化学基础理论，并带头建立茶叶生物化学学科体系，为国家培养出了大批优秀的茶叶生物化学科技人才。

张堂恒（1917—1996年）

浙江平湖人，茶学家，茶学教育、制茶与审评专家，茶学国家重点学科第一任学科带头人，中国茶学学科第一批博士生导师之一，培养了大批茶学人才，为教育事业做出了重要贡献。在茶叶加工、茶叶审评、茶业经济贸易以及茶叶标准化等领域，进行了大量基础性与开拓性研究工作，获得显著成就。

张天福（1910—2017年）

上海人，茶学家、制茶和审评专家。长期从事茶叶教育、生产和科研工作，在培养茶叶专业人才、创制制茶机械，提高乌龙茶品质等方面有很大成就，对福建省茶叶的恢复和发展做出重要贡献，晚年致力于审评技术的传授和茶文化的推广。

刘祖生（1931— ）

湖南安化人，茶学家、茶学教育家，茶树育种栽培专家。长期从事高等茶学教育与茶叶科学研究，培养了大批茶学人才。育成浙农12、浙农113、浙农21、浙农25等茶树新品种；在茶树矮化密植速成栽培和苦丁茶资源利用方面取得显著成果。为创建中国第一个茶学博士点做出了重要贡献。

陈宗懋（1933— ）

浙江海盐人，国内外著名茶学专家、茶园农药残留研究的创始者。2003 年当选中国工程院院士，开创茶叶界先河，曾任中国农业科学院茶叶研究所所长、中国茶叶学会理事长。现任中国农业科学院茶叶研究所研究员、博导，中国茶叶学会名誉理事长和国际茶叶协会副主席。

礼，谈及他的养生之道，他说只有两个字：“喝茶”。除了张天福老人，我国著名茶学家、茶树栽培学科主要奠基人庄晚芳先生（1908—1996 年，89 岁），制茶专家、茶业教育家陈椽先生（1908—1999 年，91 岁），“当代茶圣”、现代茶叶事业复兴和发展奠基人吴觉农先生（1897—1989 年，93 岁），茶学教育家、茶叶生物化学创始人王泽农先生（1907—1999 年，92 岁），包括生活在唐代的“茶圣”陆羽先生（733—804 年，71 岁），年龄都是远高于同时代的平均年龄。

还有非茶界的著名数学家，复旦大学苏步青教授（1902—2003 年，101 岁），他曾提到，每天早饭后必饮茶是他的健康长寿之道。据世界卫生组织发布的《世界卫生统计》报告显示日本作为世界最长寿的国家，人均寿命达 83.5 岁。日本盛产抹茶，其饮茶绝大多数为绿茶，每年需从中国、印度等国大量进口茶叶来满足国内市场。香港人均茶叶消费量 1.524 千克，人均寿命与日本相当，香港人热爱饮茶，平均寿命达 84 岁，因此香港也被称为“茶港”。

唐代医学家陈藏器曾提出“诸药为各病之药，茶为万病之药”，就宣扬了茶的药效。唐宣宗三年（849 年），皇帝李忱召见一位年逾 130 岁的老和尚，问询其养生之道，和尚答：“性好茶，至处唯茶是求”。因此，“饮茶”被作为一段佳话记录了下来。还有宋代大词人苏轼（1037 1101 年，64 岁）不仅热衷于种茶、烹茶、品茶，寿命也是远高于当时的平均年龄30岁。苏轼嗜茶，创作了大量的饮茶诗词，如我们熟知的《次韵曹辅寄壑源试焙新茶》中将茶比作“佳人”：“戏作小诗君勿笑，从来佳茗似佳人”。1073年，他在杭州告病，当日先后孤身游完了净慈寺、南屏寺、惠昭寺等寺庙，品饮了七碗茶，感觉神清气爽，病不治而愈，便创作了非常著名的《游诸佛舍，一日饮酽茶七盏，戏书勤师壁》：“示病维摩元不病，在家灵运已忘家。何须魏帝一丸药，且尽卢仝七碗茶”。另一位极其热爱茶的诗人陆游更加长寿（1125—1210年，85岁），陆游一生创作茶诗300余首，是历代诗人写茶最多的一位。他敬慕陆羽，向往成为陆羽后的又一“茶神”，陆游老年壮志未酬，报国无门，只能寄情于茶酒中，以茶解恨，“矮纸斜行闲作草，晴窗细乳戏分茶”就描绘了他将书法、分茶当作是解闷分怨的游戏，使其在心情不畅之时仍能有所寄托，进而益寿延年。清代诗人袁枚尝遍南北名茶，最爱家乡龙井茶，享年81岁，70岁那年游武夷山，写道：“先嗅其香，再试其味，徐徐咀嚼而体贴之，果然清芬扑鼻，舌有余甘。一杯之后，再试一二杯，令人释燥平矜，怡情悦性”。可见其不仅是诗词大家，也是品茶大师。古往今来，热爱饮茶之人往往较为长寿，茶带给他们的不只是淡泊明志、宁静致远的思想体味，从科学角度上更多的则应归因于茶丰富的物质组成和保健功效。

饮茶名流

赵州禅师（778—897年）

唐代120岁的高僧，曾在佛坛创“赵州门风”，以其著名的“吃茶去”主张闻名。

乾隆皇帝（1711—1799 年）

在位 60 年，是中国封建帝王中最长寿者，活到 88 岁，每日饮茶是他的养生妙方之一，提出“君不可一日无茶”。

苏局仙（1882—1991 年）

晚清最后一名秀才，活到 110 岁，每日坚持饮茶，临终前 20 天为《当代诗人咏茶》专集题写了咏茶绝句。

苏步青（1902—2003 年）

著名数学家、中国科学院院士，微分几何学派创始人之一，上海市茶叶学会顾问、复旦大学名誉校长，101 岁，每日早饭后必饮茶。

第二章 茶的主要保健成分

茶，口感独特，千百年来为人们喜爱，其丰富的物质组成使得茶成为良好的保健饮品。其中已鉴定出的化合物超过 700 种，鲜叶中干物质约占 25%，其余是水。对人体起保健作用的成分主要依赖于茶叶中的干物质，包括有机化合物和微量的无机化合物。蛋白质、脂类、糖类、氨基酸、茶多酚、生物碱、芳香物质、维生素等均属于有机化合物。

茶叶中的营养成分

六大食品营养素

蛋白质，脂质，碳水化合物，维生素，矿物质及微量元素，水

五类人体必需营养素

必需氨基酸	异亮氨酸、亮氨酸、苯丙氨酸、甲硫氨酸、酪氨酸、苏氨酸、赖氨酸、缬氨酸
必需脂肪酸	亚油酸
维生素（脂溶性）	维生素 A、维生素 D、维生素 E、维生素 K
维生素（水溶性）	维生素 B_1、维生素 B_2、维生素 B_6、维生素 B_{12}、叶酸、生物素、维生素 C
无机盐（常量元素）	钙、磷、镁、钾、钠、氯、硫
无机盐（微量元素）	铁、铜、锌、锰、钼、镍、锡等
水	

“黄金成分”茶多酚，化学结构独特，经过几代科学家的分析验证，已被证实具有强大的抗氧化、清除自由基的活性，并逐步通过一系列体外、动物、临床实验证明具有防癌、消炎、改善心脑血管功能、延缓衰老、消毒抑菌、护肤美容等多重功效。

在茶叶加工和贮存过程中，茶多酚易氧化聚合成高分子化合物茶黄素、茶红素和茶褐素等茶色素。实验证实，茶黄素具有与茶多酚相当的抗氧化活性，同时茶红素和茶褐素也具有一定的抗氧化活性。茶叶中特有的氨基酸、茶氨酸，作为辨别茶叶真伪的利器，具有良好的镇静安神的作用。还有茶多糖，大量实验表明其降血糖功效显著。饮茶能提神，生物碱中的咖啡因发挥着不可磨灭的作用，其与咖啡中的咖啡因完全相同。近年来兴起的富硒茶，其中的硒元素具有增强免疫力，防癌、抗癌的作用。

茶叶中活性成分及主要功能

成　分	功　能
茶多酚	抗氧化、抗衰老、抗癌、降血压、降血脂、降血糖、防龋齿
咖啡因	兴奋、强心利尿、缓解疲劳
茶氨酸	镇静安神、提高记忆力和认知能力
r－氨基丁酸	降血压
茶多糖	降血糖
维生素C	抗氧化、抗癌
维生素E	抗氧化、抗癌
氟	防龋齿
硒	抗氧化、抗癌

一、黄金成分——茶多酚及其氧化产物

20世纪90年代初陈宗懋院士就曾向我们传达了两个重要信息：

联合国粮食与农业组织投入巨资对癌症、心血管病、口腔疾病等方面进行了茶与人体健康的研究，认为茶叶几乎是一种广谱的，对多种人体常见病有预防效果的保健食品，而其主要有效成分是茶多酚。

美国医学基金会主席J.H.Weisburger宣称："茶多酚将是21世纪对人体健康产生巨大效果的化合物。"

可见茶多酚对人体保健作用的重要性是非比寻常的，如今在网页搜索"茶多酚"三个字，在百度搜索中只需0.001秒，得到的检索结果是7 400 000个，在Google检索也同样得到惊人的结果，说明茶多酚已引起了社会的广泛关注。

1. 茶多酚的组成

茶叶中最丰富、最重要的物质是茶多酚，茶多酚约占干物质的18%～36%。不同茶类中茶多酚含量不同，同一批茶叶制成的茶中，绿茶最多，其次是白茶、黄茶，再次是乌龙茶，红茶较少，黑茶最少。茶多酚减少后主要转化成了其氧化产物茶黄素、茶红素和茶褐素等茶色素。茶多酚主要集中于嫩芽叶中，老叶含量较少。茶多酚类物质结构上具有较多的羟基（—OH），因此其最活跃的特性是能够提供氢原子，这一特性赋予了其重要的生物学活性。然而茶多酚并不是一种单体，而是由多种物质构成，包括：①黄烷醇类即儿茶素类；②黄酮类和黄酮醇类；③花青素类和花白素类；④酚酸和缩酚酸类。

茶多酚复合物中人们研究最深入最清晰的要数儿茶素，作为茶多酚的主要组成部分，约占茶多酚的70%～80%。需要注意的是，儿茶素也是一类复合物，包括收敛性较强，口感给人以"涩"的感觉的酯型儿茶

素和较为“温和”的非酯型儿茶素。其中，酯型儿茶素也被称作复杂儿茶素，即儿茶素类的没食子酸酯化合物，包括儿茶素没食子酸酯（Catechin gallate，CG）、表儿茶素没食子酸酯（Epicatechin gallate，ECG）、没食子儿茶素没食子酸酯（Gallocatechin gallate，GCG）和表没食子儿茶素没食子酸酯（Epigallocatechin gallate，EGCG）。非酯型儿茶素则为简单儿茶素类，包括儿茶素（Catechin，C）、表儿茶素（Epicatechin，EC）、没食子儿茶素(Gallocatechin，GC)、表没食子儿茶素（Epigallocatechin，EGC）。目前研究表明，酯型儿茶素组分：表没食子儿茶素没食子酸酯（EGCG，Epigallocatechin gallate）因为包含的羟基（–OH）最多，其抗氧化活性在儿茶素中最强，同时也是构成儿茶素的主要成分，约占儿茶素总量的60% ~ 80%。

从茶叶中提取的天然茶多酚具有卓越的抗氧化活性，强于人工合成

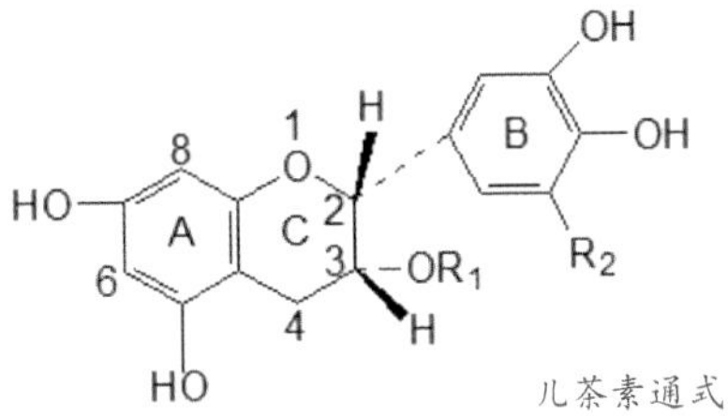

儿茶素通式

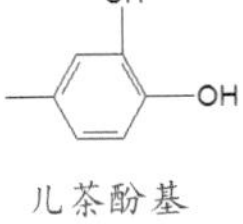

儿茶酚基

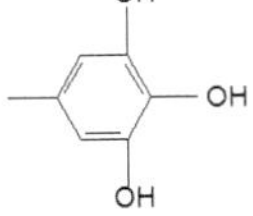

没食子基

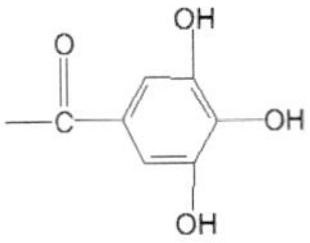

没食子酰基

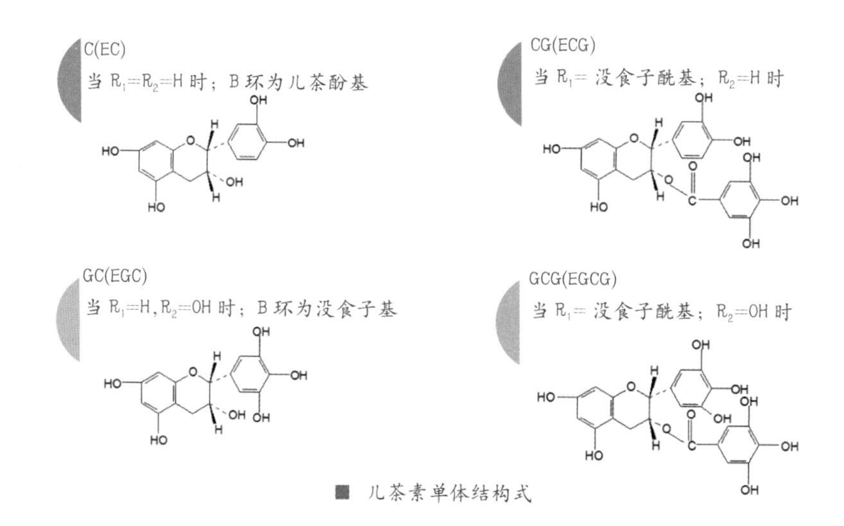

■ 儿茶素单体结构式

的抗氧化剂丁基羟基茴香醚（BHA）和 2，6- 二叔丁基 -4- 甲基苯酚（BHT），比维生素 C 和维生素 E 也要好得多。由于 BHA 和 BHT 具有明显的副作用，甚至可能致癌致畸，美国食品药品监督管理局于 1997 年就禁止了 BHT 的使用，日本也早在 1982 年就对 BHA 的使用

■ 不同食物一天应该吃多少能起到抗氧化保健的作用

进行了限制，因此寻找有效的天然抗氧化剂成了全世界科学家共同关注的问题。

茶多酚作为茶叶次级代谢产物，已被证实安全无毒，于 1989 年被列入 GB2760—89 食品添加剂使用标准，1997 年被列为中成药原料。美国 Polyphenon E（茶多酚复合物）已被美国食品与药品监督管理局批准为可出售的保健食品。Polyphenon E 中含有 65% 的 EGCG，9% 的 EC，4% 的 EGC，6% 的 ECG，4% 的 GCG，0.2% 的 CG，0.2% 的 GC，1.1% 的 C 和 0.7% 的咖啡因。除了 Polyphenon E（茶多酚复合物），美国食品药品监督管理局也规定了保健食品中添加的绿茶提取物，其茶多酚浓度须达到 50% 左右。

有科学家将大鼠分为 3 组，连续 6 个月灌胃 83.3 ~ 833 毫克 / 千克的茶多酚溶液，发现服用茶多酚的大鼠与喝生理盐水（对照组）的大鼠，其在外观表现和血液生化指标方面均无异常，表明茶多酚安全无毒。

茶多酚又称茶鞣质，鞣质也可称作单宁（Tannins），是存在于植物体内的一种多元酚类化合物，能与蛋白质结合形成沉淀，即通常所说的可以“鞣皮为革”。历史上，英国东印度公司为限制中国绿茶出口，减少其在国际市场上与红茶的竞争，曾宣称中国绿茶未经发酵，即单宁没有经过像红茶那样的氧化，会不可逆地沉淀蛋白质。意思是说绿茶中含有能够“鞣皮为革”的鞣质，饮用绿茶会使得胃严重损坏，甚至消失。其目的是为了倾销其殖民地印度所产发酵红茶，借以抵制中国绿茶，推销印、锡红茶。这种历史笑话在无知的时代的确耸人听闻。

从科学的角度看，鞣质实际上可以分为两类，包括水解鞣质和缩合鞣质。所谓能够“鞣皮为革”的即为水解鞣质，存在于没食子、石榴皮、丁香等植物中。该种鞣质在酸性、碱性或酶的作用下会发生水解，生成没食子酸和糖或多元醇，具有强而不可逆的蛋白质沉淀效果，具有一定的致癌性。而茶叶中所含的茶多酚类复合物为缩合鞣质，不会被酸和碱水解，加热后只能得到分子量更大的深色缩合物，这也存在于很多果实、种子和树皮里，尤其是未成熟的果实。空气等含氧环境中也会促进其缩合，如茶水放置久了会形成的红棕色沉淀就是由于其中的缩合鞣质在有氧环境下缩合反应加速的表现，这和切开的苹果、土豆放置久了表面会变褐色是同样的原理。

茶叶中的多酚类物质，属于缩合鞣质（或缩合单宁），科学家为了将其与水解鞣质区别，冠以“茶”字，称茶鞣质（或茶单宁）。实际上，茶多酚聚合过程中，会和胃肠道的蛋白质发生可逆的交联作用，对胃肠道虚弱的人有些许刺激，但是由于整个过程是可逆的，且相互之间慢慢聚集起来，最后排出体外，不可能产生“鞣皮为革”的效果，因此完全可以放心饮茶。

喝茶有的时候会有“涩”的感觉，这主要是由茶多酚引起的，“涩”，专业术语通常将其描述为“收敛性强”。多酚类物质含有的游离羟基，与口腔黏膜皮层组织上的蛋白质可逆地结合起来，并暂时凝固成不透水层，这一层薄膜即会给人产生一种特殊的味觉感，这就是涩味。如果多酚类的羟基很多，形成的不透水膜厚，就如同吃了生柿子一样，长时间才可消退。而如果多酚类所含的羟基相对较少，形成的不透水膜薄而且不牢固，很快膜便会解离，产生回甘。茶多酚既包含简单儿茶素又包含复杂儿茶素，简单儿茶素的羟基相对较少，刺激性较弱，滋味爽口，而复杂儿茶素收敛性强，涩味就会重些。茶多酚不仅能够和蛋白质结合，还能够螯合多种金属离子，如 Fe^{3+}、Mg^{2+} 、Cu^{2+} 等，与其生成沉淀，影响茶汤品质。因此，日常泡茶过程中应避免在金属器皿中直接泡茶及用其中的热水直接泡茶。

2. 茶多酚的氧化产物

■ 茶多酚、EGCG、茶黄素

茶多酚类物质由于结构上含有多个羟基，容易在多酚氧化酶或其他氧化剂的催化条件下发生缩合反应，生成茶黄素、茶红素和茶褐素等氧化产物，这些产物与红茶的品质密切相关。

(1) 茶黄素

自从 Roberts 于 1957 年发现茶黄素以来，人们对红茶中的茶黄素进行了一系列的研究。茶黄素对红茶的色、香、味及品质起着重要作用，茶黄素与红茶品质的相关系数为 r=0.875（相关系数：用以反映变量之间相关关系密切程度的统计指标，相关系数越接近 1，表明二者之间关系越密切）。茶黄素主要包括四种单体，theaflavin(TF1),theaflavin-3-gallate(TF2A),theaflavin-3’-gallate(TF2B),theaflavin-3,3’-gallate(TF3)。其含量一般占干物质的 1% ~ 5%，滋味辛辣，是红茶滋味强度和鲜爽度的重要成分，具有强烈的收敛性。

同时，茶黄素是红茶汤色“亮”的主要成分，衡量红茶优良品质的“金圈”和“冷后浑”的形成就与茶黄素的含量密切相关。当茶汤温度接近 100℃时，茶黄素、茶红素等多酚类氧化产物与咖啡因各自呈游离状态，但伴随温度的下降，它们通过羟基和酮基间的氢键缔合形成络合物，茶汤由清转浑，显示出胶体特性。慢慢地，络合物粒径持续增大，

TF1　R_1=R_2=OH

TF2A　R_1=Gallate、R_2=OH

TF2B　R_1=OH、R_2=Gallate

TF3　R_1=R_2=Gallate

■ 茶黄素分子式

便会产生凝聚作用，使茶汤呈现黄浆色的浑浊，这就是红茶的“冷后浑”现象的实质。“冷后浑”现象的产生，主要取决于茶黄素含量的高低。因为“冷后浑”要求咖啡因含量超过1.5%，而大多数茶叶中咖啡因含量均符合这一标准，故加工过程中能否形成相对丰富的茶黄素才是形成“冷后浑”的根本所在。

（2）茶红素

茶红素是由茶黄素进一步发生氧化聚合形成的，茶红素的极性大于茶黄素，棕红色，易溶于水，水溶液呈酸性，深红色。红茶中含量约占6%～15%，占红茶水浸出物的30%～60%，是红茶中含量最多的多酚类氧化产物。成品红茶中，茶黄素和茶红素比例以1：10～1：12为优，如果茶红素的含量太高，茶汤便会显得深暗。茶红素分子量700～40000道尔顿，为一类以儿茶素和茶黄素为前体聚合形成的酚类复合物，同时这些复合物还会与包括多糖、蛋白质、核酸、氨基酸在内的物质相结合形成大分子的化合物。由于茶红素分子量差异很大，还没有分离出单体物质。

茶红素是红茶汤色“红”的主要成分，是影响茶汤浓度的重要物质，与茶汤的强度也有一定关系。茶红素与红茶品质的相关系数为r=0.633。在茶汤中茶红素以钾盐和钙盐的状态存在，同样也是茶汤“冷后浑”的重要组成因素之一。我们常描述优质红茶的汤色为“红艳明亮”，其中的“红艳”即是由茶红素决定的，而“明亮”则与茶黄素的浓度高低密不可分。红碎茶最主要的滋味特点是“浓、强、鲜”，而茶黄素是构成茶汤滋味“强”和“鲜”的主要成分，为一类具有苯骈卓酚酮结构的物质，茶红素则是构成其“浓”的主要成分。

（3）茶褐素

茶褐素分子量极大，会使得汤色变暗，滋味淡薄。若红茶放置久了或发酵过度，大量的茶黄素、茶红素会进一步氧化形成茶褐素，这时再泡就会口感不适，且茶汤颜色也不再清透明亮。黑茶经渥堆后，多酚类物质发酵明显，茶黄素、茶红素大量转化为茶褐素。

茶褐素是黑茶中的主要功能性与特征成分，溶于水，已被证实具有显著的降脂减肥功效，被称作“黑茶中的黄金”。相比儿茶素和茶黄素、茶红素，茶褐素由于其聚合度高、分子量大，不易被酶解和糖苷化，因此生物活性可能也相对更强。但目前茶黄素、茶红素、茶褐素的提取分离方法还不成熟，对其单体的研究也不够充分，因此利用率还较低。

二、特有氨基酸——茶氨酸

氨基酸种类繁多，是组成蛋白质的基本单位，茶叶中已鉴定出26种氨基酸，占茶叶干物质的1%～4%。其中除了参与组成蛋白质的20种蛋白质氨基酸外，还包括茶氨酸在内的6种非蛋白质氨基酸。它们是茶树次生代谢产物，其中茶氨酸占茶树氨基酸总量的70%以上。茶氨酸作为茶叶中特有的氨基酸，仅在部分山茶科植物和一种菌类中少量存在，因此可以作为辨别茶叶真假的重要指标。

1950年，日本学者酒户弥二郎首次从玉露茶中分离得到茶氨酸并将其命名，其化学名称为N–乙基－γ–L–谷氨酰胺。茶氨酸味觉阈值很低，极容易被感觉出来，其鲜爽滋味在很大程度上可以缓解苦涩味，提高茶叶品质。茶氨酸的纯品呈白色粉末状，在嫩芽叶中含量高，因此嫩茶比老

■ 茶氨酸

茶滋味鲜爽就是这个道理。茶氨酸在茶树根部由谷氨酸和乙胺在茶氨酸合成酶的作用下合成，之后慢慢运输到顶端芽叶。光照下，茶氨酸易分解，因此民间有采用“遮阴施氮肥”的方法来提高茶树中茶氨酸含量。

茶氨酸在体内经小肠吸收后，进入血液、肝及脑组织中。体内茶氨酸的分解代谢主要是通过肾脏完成的，代谢产物为谷氨酸和乙胺。

茶氨酸的毒理学和安全性研究证实，茶氨酸无毒，不会致畸致突变。早在 1985 年，美国食品和药物监督管理局就已确认茶氨酸为一种安全的物质，随后茶氨酸也获得了日本相关机构的认可，不限制其使用量。相关安全性实验表明，茶氨酸对大鼠的急性毒性在 5 克／千克，折算成人的体重来看，若一体重在 60 千克的人，一次需服用超过 300 克的茶氨酸才可能产生急性毒性。

茶氨酸可以作为增加鲜爽味，抑制苦涩味的添加剂，最初被添加到低档绿茶中以改善品质，之后也有应用到点心、饮料、糖果等食品中改善食品风味的做法。但由于目前其生产加工技术还不成熟，生产成本较高，因此市面上销售的含茶氨酸的产品较少，茶氨酸产业具有广阔的发展空间。

三、降血糖利器——茶多糖

糖，也称碳水化合物，是植物光合作用形成的初级代谢产物。不仅可以直接为身体供能，而且可以经过代谢通路转化为其他的物质。糖可以分为单糖、寡糖和多糖，不能水解为更小分子的糖称为单糖，是碳水化合物的最小的单位，包括葡萄糖、半乳糖和果糖等。由 2 ～ 10 个单糖组成的低度聚合物称为寡糖，包括蔗糖、麦芽糖、棉子糖和水苏糖等。超过 10 个单糖组成的高分子聚合物则被称作多糖，如淀粉、纤维素等。

茶多糖大多形成于茶树的成熟叶片中，而幼嫩叶片中大多只含有单糖和寡糖，方便为细胞的快速生长提供能量。通常情况下，茶多糖为多糖和蛋白质的结合态，即呈现复合多糖的形式，分子量巨大，约50 000 ~ 200 000道尔顿。

近年来实验表明，茶多糖具有很好的降血糖功效，对治疗糖尿病有显著效果。通常情况下人们喜饮嫩茶，即“尝鲜”，大量夏秋茶荒废，殊不知具有显著降血糖活性的茶多糖大多存在于粗老叶片中。我国和日本民间也有用泡粗老茶叶治疗糖尿病的风俗，这一发现对高效利用夏秋茶和老茶提供了可行途径。

因此，开发茶多糖，利用粗老茶不仅有利于健康，而且可以有效提高资源利用率，这对于茶深加工产业的发展具有非常重要的意义。有研究者通过比较茶多糖和茶多酚在降血糖方面的疗效，发现茶多糖降血糖的作用优于茶多酚，可以使小肠糖降解酶蔗糖酶和麦芽糖酶活性显著降低，使进入机体内的碳水化合物含量减少，抑制小肠对碳水化合物的吸收，同时可以提高胰岛素水平。

四、“温和的兴奋剂”——咖啡因

茶叶中的咖啡因含量大致占2% ~ 4%，具有提神醒脑的功效，曾一度被认为是茶叶中功能性最强的物质。因为茶叶中咖啡因含量比咖啡豆中的含量（1% ~ 2%）还要高，因此咖啡因也被称为“茶素”。咖啡因最早发现于咖啡中，因此将其称为咖啡因。含有咖啡因的植物很少，除茶叶和咖啡外，还有可可、冬杏等，但以茶叶中的含量最高。咖啡因也可算作茶叶的特征性成分之一，用以鉴别真假茶。咖啡因难溶于冷水，易溶于热水。

咖啡因（包括从茶叶中提取的天然咖啡因）系国务院颁布的《精神药品管理办法》规定中第一类管制的品种。所谓精神药品是指直接作用于中枢神经系统，使之兴奋或抑制，连续使用能产生依赖性的药品。咖啡因的生产、销售、使用和广告宣传都必须严格依法按有关规定办理。违者按《药品管理法》及其实施办法规定从重处罚，触犯刑律的由司法部门追究刑事责任。

茶中的咖啡因属于天然咖啡因，通过饮茶摄入的咖啡因含量处在正常范围内（英国药典规定合理摄入量为 100 ～ 300 毫克 / 天），按一杯茶投入 3 ～ 4 克干茶计算，其中绿茶中约有 60 ～ 150 毫克咖啡因，红茶中约有 100 ～ 200 毫克。由于茶汤中溶出的咖啡因是有限的，实际咖啡因摄入量更是远低于此数，所以饮茶不会造成任何的精神依赖，也是符合法律规范的，可以放心饮茶。

很多人都会发现，喝了茶导致的兴奋性没有咖啡强烈，为什么咖啡因含量高的茶对人脑的兴奋作用反而要弱于咖啡呢？这是由于茶叶中另一重要的物质在起作用，那就是茶氨酸。茶氨酸最主要的功效就是镇静安神，喝茶时，茶氨酸与咖啡因一起进入人体，拮抗了咖啡因的兴奋作用，自然兴奋性就没那么强了。

人们在饮咖啡时还有一重要感受就是咖啡味苦，“味苦”也是由于咖啡因在起作用。茶叶中，细嫩茶叶所含的咖啡因要高于粗老茶，夏茶的咖啡因含量也比春茶高。但是为什么我们喝茶时，即使是嫩茶、夏茶泡的茶，也不会感觉特别苦呢？除了茶氨酸的鲜爽味中和掉了一部分苦味外，咖啡因与茶多酚及其氧化产物在茶汤温度下降的情况下，产生络合沉淀，即形成了“冷后浑”。咖啡因与酚类结合后，不但可以减轻茶的苦涩味，也会减少人体对咖啡因的摄入，减轻咖啡因的刺激作用，茶汤滋味不那么苦，人在饮茶后也没有那么兴奋了。因此，将茶叶称为“温和的兴奋剂”是非常适合的一种说法。

由于咖啡因的药理作用和特殊人群需求，开发去咖啡因的食物是非常有必要的。然而在某些方面，一定剂量咖啡因的存在又是有利的。研究表明，咖啡因可以与茶多酚起到协同抗氧化作用。咖啡因本身具有一定的抗氧化作用，可以起到防癌抗癌的作用。另外，“冷后浑”是衡量红茶品质的重要因素，去咖啡因红茶是不会形成“冷后浑”的。红茶茶汤滋味所谓的“鲜爽度”，就是在味觉反应上给人一种活泼感。这种爽快感与“冷后浑”高度相关，因此咖啡因含量与红茶品质具有一定的相关性。摄入一定量的咖啡因对健康可以起到促进作用，但过量摄入咖啡因是有害的。因此应适度饮茶，建议每日饮茶不应超过 10 克。特别是无饮茶习惯或存在睡眠障碍的人群应避免睡前饮茶，尤其是浓茶。

此外，由于咖啡因在人体内的代谢途径比较特殊，在人体内会分解产生尿酸。人类血液中本身存在一个高水平的尿酸库，这在以前被认为是人类进化的缺陷。实际上，健康人群体内的大部分尿酸可以很快排出体外，而不在体内积累，所以不会对人体造成危害，而且尿酸是一种内源性的抗氧化剂，是解除人体内外环境所产生的有毒物质的第一道防线，这使得人类的寿命远远超过大多数哺乳动物和与人类相近的灵长类动物——猿猴。但痛风患者应谨慎饮茶，因为痛风患者本身体内尿酸代谢异常，若再喝咖啡因含量高的茶，过量尿酸沉积在关节，就会使得痛风加剧。

■ 咖啡因的分解代谢

所以，饮茶新手、神经虚弱和痛风患者在饮茶时，除了要注意选取咖啡因含量相对较低的茶叶外，还可以根据咖啡因易溶于热水和不易溶于冷水的性质，或用冷水泡茶喝，或将热水冲泡的第一泡茶汤弃掉，这样就可以有效减少咖啡因的摄入。

五、矿质元素

茶叶中矿物质含量丰富，其中可溶性矿物质约占干物质总量的2% ~ 4%，包括微量元素锌、硒和氟等。矿物质中的锌作为许多酶的辅助因子，是人体必需的微量元素之一，被称作“生命之花”。锌在茶叶中的含量为20 ~ 65毫克／千克，与我们通常认为的高富锌食品相当，如猪瘦肉、猪肝、海带等。因此，饮茶可以作为补充锌的良好途径。

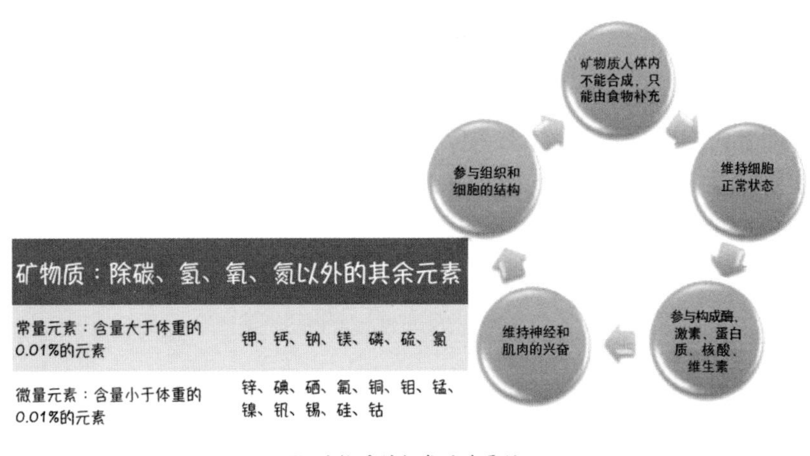

矿物质：除碳、氢、氧、氮以外的其余元素	
常量元素：含量大于体重的0.01%的元素	钾、钙、钠、镁、磷、硫、氯
微量元素：含量小于体重的0.01%的元素	锌、碘、硒、氟、铜、钼、锰、镍、钒、锡、硅、钴

■ 矿物质的组成及重要性

1. 硒

近年来，“富硒茶”逐渐兴起，虽然中国的茶叶几乎都含有硒，但硒的总量随土壤环境及茶树品种等因素的影响非常大。一般茶叶中含硒量不高，低于 100 微克 / 千克。2002 年，农业部 NY/T 600—2002《富硒茶》中正式公布了富硒茶的标准：硒含量需达到 250 ~ 400 微克 / 千克，显著高于富硒稻谷的规定（GB/T 22499—2008《富硒稻谷》），富硒稻谷中硒含量应该为 40 ~ 300 微克 / 千克。我国是缺硒国家，除湖北恩施、陕西紫阳、贵州湄潭等地是天然富硒地区以外，国土面积 72% 以

■ 凤冈锌硒茶园

■ 凤冈锌硒茶园

上的土壤属于低硒或缺硒土壤。湖北恩施所产的恩施玉露，平均硒含量1 074微克／千克，陕西紫阳富硒茶最高值高达3 853微克／千克。2006年，“凤冈富锌富硒茶”被授予地理标志产品，其硒含量介于250～3 500微克／千克。

中国营养学会提出了我国成人每日硒的摄入量应控制在50～400微克范围内，每日摄入量超过800微克时会引发硒中毒。但据调查，中国成人每日的硒摄入量仅26～32微克，因此适度补硒非常重要。硒是人体内最重要的抗过氧化酶辅基，即谷胱甘肽过氧化物酶的辅基，具有强大的抗氧化效应，可以抑制自由基的生成，具有良好的抗癌、提高免疫力的功效，富硒茶的抗氧化活性高于普通绿茶。研究表明，克山病、大骨节病的产生均与缺硒有一定关系。食道癌、胃癌、肝癌及子宫癌等癌症死亡率与血硒水平呈负相关。硒还可以和多种重金属如汞、砷、铬等形成复合物起到解毒的作用。

老叶中的硒含量高于嫩叶，春茶硒含量较高。茶树是一种可以富集硒的植物，且叶片为硒元素主要积累的器官。茶树可将不具有生物活性

常见食物中硒含量

名称	硒（微克／千克）	名称	硒（微克／千克）	名称	硒（微克／千克）
红茶	56.0	白菜	3.9	大蒜	30.9
绿茶	31.8	生菜	11.5	小麦	3.2
玉米	16.3	番茄	1.5	大米	25.0
花生	45.0	土豆	7.8	核桃	46.2
黄豆	61.6	橘子	4.5	香菇	64.2
绿豆	42.8	苹果	10.0	黑木耳	37.2

资料来源：林文业，邓卫利，黄文琦，2011．食物中硒的生物功能及测定分析研究[J]．大众科技，4:125–128．

且毒性高的无机硒转化为安全有效、毒性低的有机硒。茶叶中约80%的硒为有机硒，便于人体吸收，是补充硒的良好来源。但是，茶叶硒的浸出量低于茶叶中硒总量的1/3，茶叶中大多数硒以化合物或络合状态存在而难于浸提出来。研究表明冲泡水温95℃左右最有利于硒的浸出，因此常喝“富硒茶”可以有利于身体健康，而且是一种安全有效的补硒方式。

2. 氟

茶叶中另一含量丰富的矿物质为氟，氟在茶叶中的含量相比其他动植物而言较高。氟既具有一定的毒副作用，但同时又可起到保健的功效，是人体生长必需的微量营养元素。日常生活中，氟的主要来源是饮用水，人体中约90%的氟分布于骨骼和牙齿中。骨骼中适量的氟可以增加骨韧性，促进骨骼生长。老年人缺氟时，体内钙的利用受到影响，使得骨质脆弱，引发骨质疏松。龋齿也是一样，研究表明产生龋齿的主要原因是由于牙齿的钙质较差，氟与牙齿的钙质有很高的亲和力，适度摄入氟可

不同品种不同老嫩芽叶含氟量

单位：毫克/千克

芽叶老嫩程度	福鼎大白茶	白毫早	碧香早	槠叶齐	茗丰	平均
第一叶	49.4	37.0	23.5	54.5	50.4	43.0
第二叶	99.6	80.1	43.5	102.0	105.4	86.1
第三叶	210.6	165.4	86.6	157.6	190.3	162.1
第四叶	325.2	243.4	128.4	210.6	343.4	250.2
对夹二叶	37.9	30.5	20.8	37.9	48.0	35.0
对夹三叶	62.9	51.9	30.8	61.5	58.4	53.1
对夹四叶	109.7	76.4	50.4	84.1	78.5	79.8
对夹五叶	137.7	115.1	82.4	123.8	119.2	116.0

资料来源：罗淑华，贯海云，童雄才，等，2003. 砖茶氟含量偏高的原因分析研究[J]. 茶叶通讯，2:3-6.

以补充牙齿钙质，增强抗龋齿能力。同时，茶还是一种碱性物质，可以减少钙质的流失，减少龋齿的发生。

然而，我国也是世界上氟中毒病情较严重的国家之一，通过直接摄入氟来预防骨质疏松并不是一个好办法。此办法虽然短期有效，但由于过多的钙被吸引至骨头，血清中钙水平下降，进而会引发甲状腺机能亢进，也会导致形成形态异常的骨骼。研究表明，正常人每天摄取的氟含量应小于 2.5 毫克，如饮绿茶（氟含量平均小于 100 毫克／千克），茶叶用量应少于 25 克，乌龙茶、红茶等，日饮量应控制在 16 克以下。

茶叶成熟度越高，含氟量越高，农业部 NY　659—2003 行业标准中规定茶叶中氟化物含量应低于 200 毫克，GB 19965—2005 对砖茶含氟量规定氟化物含量应小于 300 毫克。砖茶是我国少数民族的生活必需品，相关研究表明砖茶主产区土壤氟含量不高，甚至低于全国平均水平，加工过程中也不会造成氟含量有较大的改变。因此，砖茶氟含量相对较高的原因与原料老嫩密切相关。为避免氟中毒，选取新梢芽叶作为原料，减少老梗老叶的掺入，可以有效规避风险，合理摄入氟。

边疆少数民族，如青海、西藏等省人民习惯通过熬煮的形式饮茶，而非泡饮，即直接将砖茶投入茶壶中加佐料进行沸煮十几分钟来食用。而且由于边疆地区缺乏蔬菜，人们煮茶后，茶渣也一并吃掉，这容易导致氟摄入量超标，引起副作用。相关实验人员研究建议饮用砖茶时，应尽量增大茶水比使之超过 1∶150，且尽量将熬煮温度控制在 60℃ 左右。

摄氟量超过合理范围就会出现牙齿变黄、变黑，四肢和脊椎疼痛等症状，甚至出现关节变形、瘫痪等。因此，氟作为一种具有“两面性”的特殊矿物质，摄取时尤其应该注意适度。一般而言，第一泡茶氟浸出率最高，随后趋于稳定，因此饮茶时可以将第一泡茶弃掉。

六、维生素

维生素是维持人体正常物质代谢和某些特殊生理功能不可缺少的一类低分子有机化合物。在身体生长代谢发育过程中发挥着重要的作用，主要参与各种酶的形成。如果长期缺乏某种维生素，就会出现维生素缺乏症，引起生理机能障碍而导致疾病。茶叶中维生素含量丰富，占干物质的0.6%～1.0%。维生素C、维生素E都是天然抗氧化物质，参与机体氧化还原等复杂代谢过程，在预防多种人体疾病中有重要的作用。茶叶中还含有维生素A、维生素K等多种脂溶性维生素，用水冲泡茶叶难以达到完全吸收脂溶性维生素的效果，通过吃茶，就可以避免营养元素的流失。茶中维生素B_2含量很高，大约为大豆的5倍。维生素B_2又叫核黄素，微溶于水，当缺乏时，机体代谢会受到影响。维生素B_2缺乏症状多表现为口、眼和外生殖器部位的炎症，如口角炎、唇炎、舌炎、眼结膜炎和阴囊炎等。由于体内维生素B_2的储存量是很有限的，每天都要由饮食提供，多喝茶可以一定程度上补充体内的维生素B_2。

第三章 茶的保健功能

茶兴于唐而盛于宋，从“神农尝百草”开始一直作为药用。西周起，将茶作为饮品至今已有三千余年的历史。茶是具有多种保健功能的饮品，抗氧化、抗突变、防癌、降血压、降血脂、降血糖、杀菌消炎、增强免疫力、改善胃肠道等多种功能富集一身。所有上述功效与茶叶丰富的成分分不开，它们不仅能够为机体提供基础营养，而且可以调节相关生理活动。

从古至今，人类都被各种疾病所困扰，严重影响生活质量。研究发现，很多疾病的产生都与自由基的积累密切相关，从高死亡率的心脑血管疾病到发展极为迅速的癌症，到与衰老相关的退行性疾病中都可以看到自由基的身影。

衰老的自由基学说：该学说于1956年由英国学者Denham Harman提出，他认为机体的衰老变化是由细胞正常代谢过程中产生的自由基的有害作用造成的。自由基逐渐积累增多对机体造成伤害。

Denham Harman教授

■ 衰老的自由基学说

在一定程度上，可以说健康问题就是自由基问题。自由基学说也因此被国际学术界公认为是导致衰老和疾病的重要理论。茶的各种保健功能主要源于其卓越的抗氧化、清除自由基活性，其抗氧化活性明显优于维生素 C 和维生素 E。

传统观念认为饮茶有助于人类的益寿保健，中医也一直视茶如药。浙江省中医学院林乾良教授在广泛查阅了历代医药典籍后，首次对茶的传统养生功效进行了系统的整理归纳，总结提出了关于茶的 24 项保健功能，即：少睡，安神，明目，清头目，止渴生津，清热，消暑，解毒，消食，醒酒，去肥腻，下气，利水，通便，治痢，祛风解表，坚齿，治心疼，疗疮治瘘，疗肌，益气力，去痰，延年益寿，其他等。由陈宗懋院士主持编写的《中国茶叶大辞典》中也详细列举了茶的十大功效：助消化，消除脂肪，胆固醇，除口臭，解渴，解酒，治便秘，减肥，提神

主要饮茶保健书籍

作　者	著　作	出版社
姚国坤、陈佩芳	饮茶健身全典	上海文化出版社，1995
杨贤强、王岳飞、陈留记	茶多酚化学	上海科技出版社，2003
骆少君、吕毅	饮茶与健康	中国农业出版社，2003
朱永兴、王岳飞	茶医学研究	浙江大学出版社，2005
林乾良	中国茶疗	中国农业出版社，2006
姚国坤、陈佩芳	饮茶保健康	上海文化出版社，2010
屠幼英	茶与健康	世界图书出版公司，2011
林乾良	茶寿与茶疗	中国农业出版社，2012
陈宗懋、甄永苏	茶叶的保健功能	科学出版社，2014
屠幼英、乔德京	茶多酚十大养生功效	浙江大学出版社，2015
余悦	中国茶与茶疗	中央编译出版社，2016

醒脑，利尿，抗辐射，抗癌。对医理研究颇深的孙中山先生曾指出，“茶，为最合卫生、最优美的人类饮料”。

16 世纪，茶传入欧洲，关于茶的第一张广告上写的是：“可治百病的药——茶，是头痛、结石、水肿、瞌睡的万灵药”。目前，超过 160 个国家有饮茶的习俗，茶俨然已经成为全世界人民最为喜爱的天然保健饮料。世界卫生组织将茶叶与红酒、番茄、菠菜、硬壳果仁、西兰花、燕麦、三文鱼、大蒜、蓝莓并列为十大健康食品。可见茶对人体的保健功能深入人心，其对身体和精神健康均具有一定的改善作用。因此，将茶认定是中华民族贡献给世界的第五大发明是毫不夸张的，茶带给人类的健康是任何其他饮品都无法比拟和替代的。

一、“茶为万病之药”

茶，具有多种保健功效。唐代医药学家陈藏器，将茶称作“万病之药”。日本高僧荣西也称茶为“养生之仙药”。不可否认，饮茶的确有利于健康，可以延缓甚至预防某些疾病的发生，也可以与某些药物一起服用来增强药效。限于医疗水平的落后，古时候将茶视为“万病之药”相对合理。但伴随现代医药研究的发展，特别是在靶向性明确的抗生素、激素类等药品的出现后，再将茶称作“万病之药”在某种程度上可能略失偏颇。不能因为茶具有多种保健功能就将其等同于药，茶与药混为一谈。饮茶只能保健养生，治病救人则一定是要用药的。茶并不具有治病性，饮茶对人体的保健功能是渐进性的、整体性的，不具有靶向位点性，切莫将茶的保健功能等同于治病救人，而耽误了最佳治疗期。

近年来伴随生物、化学、物理等研究方法的不断提高，将茶叶功能性成分挖掘出来，提取分离加工出具有高纯度的活性物质，如茶多酚、茶氨酸、茶黄素等已不算难事。在对其进行药理研究后，发现它们对于某些疾病的确具有一定的疗效，甚至可以与某些药物一争高下，或者可以起到辅助治疗的作用。因此已将其开发为保健品，甚至是药品。然而“是药三分毒”，饮茶本身虽不会对人体产生任何伤害，但以茶成分加工而成的保健品或药品却是有严格的服用剂量的。所以，宽泛地不能将茶与药混为一谈，饮茶与服用茶叶提取物所达到的效果是不同的。充分利用茶的天然功能性成分，开发其药理功能，研究其对人体健康的影响，将其应用于医药领域，这对整个人类的发展都将是具有重要意义的。

二、茶多酚的保健功能

作为茶叶主要成分的茶多酚具有多种保健功能，包括清除自由基、抗氧化，抗癌，保护心脑血管，预防神经退行性疾病，杀菌消毒，提高免疫力，降血糖，防辐射，预防衰老，解酒精毒性等多重功能。目前，以茶多酚为主要成分开发的保健品数量繁多，已成为保健市场上的一颗新星。

1. 抗氧化，清除自由基

自由基是指一类性质非常活跃的小分子物质，其分子外层轨道上存在着未配对电子的原子，极易和其他物质发生化学反应。自由基种类繁多，能够对人体损伤最直接的是氧自由基，包括：过氧化氢、羟基自由基、单线态氧和过氧化脂质等。

氧自由基是人体代谢的产物，日常生活中，我们呼吸获取氧，绝大多数的氧参与体内代谢，转化为能量，剩余少部分氧则转化为氧自由基。一般情况下，体内存在着氧自由基的清除系统，包括两大类：抗氧化酶类和抗氧化剂，超氧化物歧化酶（SOD）、过氧化氢酶（CAT）、谷胱甘肽过氧化物酶（GSH-PX）就属于抗氧化酶，维生素 C、维生素 E、谷胱甘肽则属于体内典型的抗氧化剂。

氧自由基作为线粒体呼吸链产物，具有重要的生物功能，在信号传导和免疫功能方面发挥着重要作用。如一氧化氮自由基可以起到舒张血管、调节血压的作用。然而当氧自由基生成过量，氧自由基清除系统已经不能抵御氧自由基的生成量时，氧自由基很容易和机体各部分发生反应，包括对生物膜系统的损伤。

■ 诱导自由基产生的原因

生物膜主要是由脂肪和蛋白质构成的，自由基通过侵袭膜上的不饱和脂肪酸，产生脂质过氧化反应。脂质过氧化是指自由基可以促使体内的不饱和脂肪酸脱去一个氢原子生成脂质自由基，脂质自由基与氧反应生成脂质过氧自由基，它继续攻击其他脂质分子，夺取其氢原子生成脂质过氧化物。以上反应重复循环进行，使得体内积累大量的脂质过氧化物。同时，不饱和脂肪酸的减少，使得饱和脂肪酸相对增多，生物膜刚性增强，细胞膜通透性增大，进而导致膜功能异常。同时，生成的脂质过氧化产物丙二醛，会对衰老起到加速作用。脂质过氧化物还会和生物膜上的蛋白质发生交联，影响蛋白质的正常状态，最终严重损伤生物膜的功能。

另外，由于呼吸作用发生在线粒体，氧自由基的生成也大多发生在线粒体，因此线粒体成为含自由基浓度最高的细胞器，线粒体 DNA 也成为自由基损伤的第一批牺牲者。自由基会导致遗传物质DNA发生突变，细胞受到破坏，免疫系统受损，人体正常功能紊乱，引发一系列疾病：如心脏病、老年痴呆、癌症等。

因此，氧自由基被称为“万病之源”。外源性补充抗氧化剂来维持体内自由基的平衡是非常关键的。喝茶，尤其是绿茶，由于其所含的具有卓越抗氧化性的茶多酚的含量相对最高，可以有效抑制氧自由基对机体造成的伤害。

正常的衰老和死亡也与氧自由基的积累分不开。氧化损伤可以说是引发衰老的最根本原因，伴随年龄的增长，体内的脂类、核酸、蛋白质等不断受到氧自由基的攻击，氧化损伤逐渐积累，最终表现为身体的衰老。老年人皮肤上的老年斑就是由脂质过氧化产物丙二醛与胞内蛋白质交联形成的黄褐色色素颗粒，即脂褐素，大量沉积在皮肤上的反映。人老了常说自己“老眼昏花”，这与形成老年斑的原理类似，都是由于脂褐素的积累形成的。视网膜中脂褐素不断累积最终会使得视力受影响，看不清东西。相关实验表明，伴随衰老，视网膜中的脂褐素含量几乎是呈线性增加的，而通过服用抗氧化物茶多酚可以减缓脂褐素在视网膜上的积累。因此，茶多酚在缓解衰老和保持健康方面具有积极疗效，那么茶多酚又是如何发挥其清除自由基、抗氧化的作用呢？

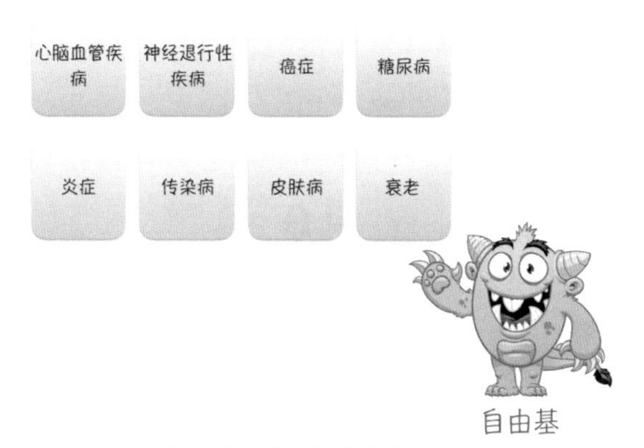

■ 与自由基相关的疾病

茶多酚分子结构中富含羟基（–OH），在面对自由基的侵害时，可以起到“牺牲小我，顾全大局”的作用。主要通过贡献自己羟基中的氢原子与自由基结合，清除体内多余的自由基，而且其抗氧化效果完胜维生素 C 和维生素 E。茶多酚实际上是一大类复合物，其中以儿茶素为主，而儿茶素同样是由不同单体组成的复合物。主要包括 8 种单体成分。通常而言，具有较多酚羟基的儿茶素具有较强的抗氧化能力。目前研究表明 EGCG 由于其所带的羟基最多，抗氧化能力也就最强。茶多酚抗氧化机制主要包括：①通过贡献自己的羟基来直接消灭自由基；②抑制脂质过氧化反应；③强化体内抗氧化体系。

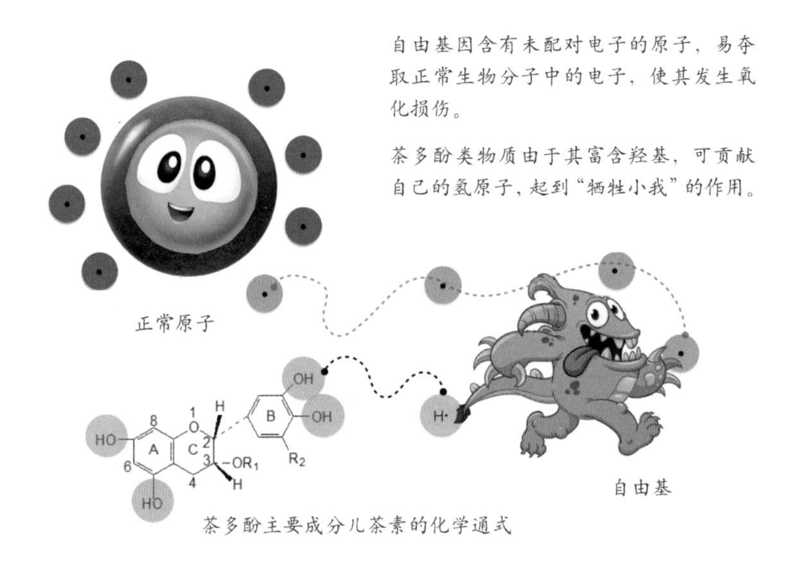

■ 茶多酚对正常细胞的保护

临床治疗中，已有用茶多酚改善治疗的案例，如在休克治疗、动脉搭桥术及器官移植等手术中，不可避免要在心肌缺血后再灌注，这时氧自由基水平瞬间升高会给身体造成不可逆的伤害。而在灌注液中加入茶多酚，可以使氧自由基水平明显降低，从而减少损伤。大脑作为人体耗氧量最大的器官，一旦血流不畅，氧气和养分供应跟不上，就会在很短时间内出现脑死亡。中风就是由脑部血液循环异常导致的，分为缺血性中风和出血性中风，其中缺血性中风占到了 80% 以上，主要是由血管堵塞引起的，死亡率仅次于心脏病和癌症。由于其发病较早，也成为引起成年人残疾的主要因素，我国中风的发病率甚至高于欧美等发达国家。目前治疗缺血性中风的药物多从溶栓作用出发，同心肌梗死一样，一旦血流通畅，大量自由基瞬间生成，存在严重的副作用，茶多酚与溶栓药物共同使用可以起到趋利避害的作用。

日常生活中，除了喝茶以外，少吃富含饱和脂肪酸的食物也有益健康。猪、牛、羊肉中富含饱和脂肪酸，鱼肉中脂肪含量相对低一些，且 80% 为不饱和脂肪酸，但由于不饱和脂肪酸不稳定，极易被氧化，因此最好同时服用一些抗氧化剂来最大限度地发挥不饱和脂肪酸的保健功效，降低脂质过氧化。

2. 癌细胞的天然杀手

自 1987 年日本富田勋研究员报道了关于茶叶提取物可以抑制人体癌细胞生长开始，全世界共发表了 4 000 ～ 5 000 篇关于茶叶抗癌的研究论文。癌症的形成具有渐进性，从启动、增殖到转移，是多因素共同造成的结果。物理化学致癌物，个人不良生活习惯等均会诱发癌症的产生。癌症发病较为隐匿，早期难以发现，这使得癌症更具有破坏性和致死性。目前癌症的治疗手段主要包括化学治疗、物理治疗和外科手术，然而由于化学和物理疗法会带来相当大的副作用，外科手术又无法根除肿瘤，因此治疗癌症仍是一个世界性难题。

（1）卓越的防癌抗癌活性

目前研究表明，茶多酚及其主要组分 EGCG 具有优良的防癌抗癌活性，在癌症发生的三个阶段均可延缓其发展进程，如减小形成肿瘤的体积、数目，抑制其周围血管生成、转移等。通过促进癌细胞凋亡，刺激细胞因子释放及影响细胞内信号传导通路等方式，已被证实对口腔癌、乳腺癌、前列腺癌、肺癌、肝癌等多种癌症均具有明显的抑制效果。

例如口腔癌，作为世界一大恶性肿瘤，以口腔黏膜白斑为其癌前病变标志。科学家将茶叶提取物和茶多酚分别涂抹于患处，六个月后，患者口腔白斑面积缩小，癌细胞增殖和染色体畸变率均显著下降。表明茶叶提取物和茶多酚均可以有效抑制口腔黏膜白斑的发展，因此饮茶可以一定程度上预防口腔肿瘤的发生。

(2) 增强抗肿瘤药物的药效

茶多酚不仅具有防癌的功效，而且能够增强抗肿瘤药物的药效，增强机体对药物的敏感性，进而减少药物的使用量以降低其副作用。抗生素是抑制肿瘤生长中普遍使用的药物，如阿霉素（多柔比星）和丝裂霉素等，研究发现 EGCG 与二者联用可以明显抑制各类肿瘤的生长，如胃癌、肺癌、肝癌、宫颈癌、卵巢癌、乳腺癌等，同时也可以减少肿瘤的复发。在胰腺癌的治疗过程中，也有将药物吉西他滨与 EGCG 联用来抑制癌细胞增殖、侵袭和转移的尝试。

肿瘤的治疗过程中也多采用化学疗法，如顺铂作为一种无机铂类抗肿瘤化合物，具有广谱抗肿瘤活性和细胞毒性，可以抑制癌细胞内 DNA 的复制，损伤癌细胞细胞膜，在卵巢癌、前列腺癌、肺癌、恶性淋巴瘤、鼻咽癌等癌症中显示出疗效，在临床化疗中极为常用。然而其带来的副作用也是巨大的，最明显的是会引起胃肠道反应和肾脏毒性，如果用药过频，药物在体内蓄积，引起肾功能衰竭，甚至死亡。除此之外还会引发神经毒性，导致失听、味觉丧失、感觉异常等。茶多酚可以通过提高肿瘤细胞对顺铂的敏感性来减少顺铂的使用量。EGCG 可以通过降低由顺铂诱导的肾脏中脂质过氧化产物的增多，对肾脏起到保护作用，缓解由顺铂造成的肾脏毒性。

近年来兴起的生物类制剂如干扰素、肿瘤坏死因子相关的凋亡诱导配体及某些细胞因子具有抗肿瘤、增强免疫力的功能，也被广泛应用于癌症的治疗当中。如黑色素瘤常见于皮肤，是皮肤肿瘤中恶性程度最高的瘤种，易转移，死亡率高。在治疗黑色素瘤的过程中，将 EGCG 与干扰素联用，能够更有效地抑制黑色素瘤细胞的增殖，诱导癌细胞凋亡，抗癌效果更佳。因此，将茶多酚与抗癌药物联用，能够提高药效，减少药物的副作用。

（3）增强机体免疫力，抑制肿瘤转移

此外，茶多酚能够通过增强机体免疫力来起到防癌抗癌的作用。如激活巨噬细胞、淋巴细胞等免疫细胞，提高免疫球蛋白水平。已有研究表明，茶多酚可以通过免疫调节预防由紫外线引起的皮肤癌。在宫颈癌中，EGCG 与疫苗联用能够有效增强细胞免疫反应，抗肿瘤。

肿瘤细胞不同于正常细胞，生长极为迅速，肿瘤周围存在着密集的血管。血管可以为不断生长的肿瘤提供氧气及营养，便于其快速生长转移。在抑制肿瘤转移方面，茶多酚通过阻止血管内皮生长因子的释放来抑制新生血管生长。实验表明，饮用绿茶的小鼠，其血管内皮生长因子的表达显著下降。

值得注意的是，在防癌抗癌方面，目前研究显示喜饮绿茶的亚洲人较喜饮红茶的欧美人的患癌几率低，可能是由于绿茶中含有丰富的茶多酚，且加工过程中未被破坏。而红茶原料较为粗老，茶多酚类含量不高，大部分在加工过程中转变为分子量较大的茶色素，且饮用过程中常在茶中加入牛奶，使得络合了蛋白质的茶多酚及其氧化产物的保健作用发生改变。

茶多酚作为一类天然产物，对肿瘤细胞生长具有选择性抑制作用，对正常细胞影响不大。因此相比市场上销售的大多药物，茶多酚相对来说要安全得多，可以放心服用。目前对茶多酚防癌抗癌的研究仍主要局限于体外实验和动物实验，虽然效果很好，但临床研究相对较少。人体内部环境的复杂性使得大部分茶多酚在体内发生变性，难以在靶向位点发挥应有的效应。

但已有流行病学研究证明饮茶的确可以有效抑制口腔癌、咽喉癌等上呼吸道系统癌症。在口腔及咽喉处，茶多酚能够最大限度地保留了其原始性状，因此也就能最好地发挥效应。

目前提高茶多酚生物利用度已成为研究者研究的重点和热点。通过纳米包埋茶多酚等方法来增加茶多酚的缓释性，促进其在体内的吸收，提高生物利用度。茶多酚作为防癌抗癌领域的一颗新星，具有安全高效的特点。然而，单纯靠喝茶获得茶多酚的数量是有限的，因此对于癌症高发人群及中老年人可以在饮茶之余额外补充茶多酚，起到防癌抗癌的目的。

3. 心脑血管的防护者

作为全球五大慢性病（癌症、糖尿病、精神类疾病、心脑血管疾病、呼吸系统疾病）之一的心脑血管疾病，多发于50岁以上人群，具有高致残率和高死亡率的特征，成为引发死亡的最主要原因。近年来其发病人群数量不断上升，具有高患病率、高危险性、高医疗费用的特点。一旦患上该类疾病，生活难以自理，病程长，不仅患者饱受疾病困扰，严重影响生活质量，而且给家属带来沉重的经济负担和心理压力。近年来随着我国老龄化进程的加速，心脑血管疾病的发病率明显提高。另外，目前中青年白领的健康状况也是令人担忧，以往老年人容易得的心脑血管疾病都在中青年白领中提前发生。

引起心脑血管疾病的原因除了年龄外，具有家族遗传史的人群也需格外注意。另外在现代生活中，如长期吸烟、酗酒、荤素搭配不当，加之缺少必要的体育锻炼等一系列不良的生活习惯都可能刺激体内产生过量的自由基，诱发严重的脂质过氧化，引发心脑血管疾病。

心脑血管疾病是心血管疾病和脑血管疾病的统称，泛指由高血脂、高血压、炎症等因素导致的心脏、大脑及全身组织发生缺血性或出血性疾病。心脑血管与循环系统密切相关，主要包括运送血液的器官和组织，如心脏、大脑、血管（动脉、静脉、微血管）等。按发病时间的长短，可以细分为急性和慢性心脑血管疾病，一般都表现为动脉硬化。

动脉硬化最初是以血管内皮细胞完整性破坏，平滑肌细胞和成纤维细胞增生，以及细胞内外脂质积聚，不断形成内膜粥样斑块或纤维斑块的一种病理过程。研究者发现患者动脉硬化程度与其动脉壁中脂质过氧化水平呈很高的相关性。同时，脂质过氧化反应循环过程中形成的脂质过氧自由基不仅可以和其他脂质继续反应，还可以从蛋白质中掠夺氢原子，导致蛋白变性和酶的失活。另外，由于心脏和脑基本无时无刻不在工作，代谢旺盛，则更易产生自由基，发生脂质过氧化，脂质过氧化产物累积导致心脑血管疾病发生。

我国传统医学博大精深，其中就有以茶为主要成分治疗心脑血管疾病的复方，如绿茶山楂汤、绿茶钩藤汤、绿茶柿叶汤、绿茶川芎汤、绿茶番茄汤、绿茶大黄汤等。近年来，大量的流行病学调查研究和实验研究表明，茶多酚、茶黄素、茶红素等物质具有明显的降血脂、降血压、抗炎、抗动脉硬化、改善血管内皮功能、抗血小板凝聚、抑制斑块扩大等功能，对心脑血管疾病具有预防和治疗作用。

动脉硬化形成的斑块一旦破裂成碎片进入血液，很容易在细小的血管里凝聚堆积，形成血栓。茶多酚可以有效改善血液脂质代谢，降低血液黏度，增强血液流动性，抑制血小板聚集，从而抑制动脉粥样硬化和血栓的形成。血液中胆固醇的含量也与心脑血管疾病的发病密切相关。胆固醇作为一类重要的脂质，大多是和蛋白质结合形成脂蛋白进行转运。脂蛋白可分为高密度脂蛋白（HDL）、低密度脂蛋白（LDL）和极低密度脂蛋白（VLDL）。其中，低密度脂蛋白和极低密度脂蛋白含有绝大多数的胆固醇，它们氧化后形成具有引发炎症损伤的氧化胆固醇。而高密度脂蛋白则具有抗动脉粥样硬化的作用，将动脉壁上多余的胆固醇转运到肝脏进行代谢，同时抑制细胞对低密度脂蛋白的摄取，扮演着“清道夫”的角色。实验证明，茶多酚可以有效抑制胆固醇的氧化。绿茶提取物可以降低人体血浆中低密度脂蛋白的水平，提高高密度脂蛋白与低密度脂蛋白的比值。此外，胆固醇的增多还会降低红细胞的变形能力，影响其流动性，茶多酚对红细胞变形能力具有保护和修复作用。研究表明，每日饮茶量越多的人群其血浆中胆固醇含量越低。茶多酚通过加速脂类和胆汁酸的排出，降低血液中胆固醇含量。

冠心病患者体内存在着铁过剩的情况，铁离子过多易引发自由基损害心脏细胞，而茶多酚能够通过络合金属离子，消除体内过剩的重金属离子，保护心脏，且其作用强于维生素 C 和维生素 E。心肌肥大指在超负荷应急条件下心肌细胞体积的病理性增大，表现为心脏重量增加（包括左心室肥厚）。它是高血压的一种常见并发症，也是猝死、冠心病和心力衰竭的前兆。给心肌肥大的大鼠饮用绿茶，发现大鼠左心室重／体重比值、左心室壁厚度显著降低，心肌肥大标志物新房利钠肽（ANP）表达降低，抗氧化能力提高。

波士顿健康研究协会调查发现，每天喝一杯 200 ～ 250 毫升或更多红茶的人与一点不喝茶的人相比，其患心脏病的风险降低约一半。很多亚洲人一直以来都有每日饮茶的习惯，这也是亚洲人较少患高血压、高脂血症、冠心病等心血管疾病的重要原因之一。因此，波士顿健康研究协会建议民众每天喝四杯茶来保持身体健康。浙江医科大学研究人员也发现，不饮茶人群平均高血压发病率为10.5%，而饮茶人群发病率仅为6.2%。流行病学调查研究发现，习惯饮用乌龙茶可以显著提高患者毛细血管的韧性，降低脆性，从而减少出血几率，防止脑出血。

除了茶多酚，茶叶中其他有效成分也对心脑血管的保健起到积极作用，如茶氨酸可以镇静安神，保持心情愉悦。少量的维生素 B_3，可以舒张血管，降低血压。芦丁，可以提高血管的弹性和韧性，防止由血压升高引起的脑出血。因此，适度饮茶可以有效地预防心脑血管疾病的发生。然而茶多酚虽有改善心脑血管疾病的作用，但不足以作为急症心脑血管疾病的主药，与其他药物搭配使用可以增强药效且起到防治的作用。

为了预防心脑血管疾病，应养成良好的饮食习惯和生活习惯，多饮茶，不吸烟不酗酒，多吃蔬菜水果和粗粮，补充膳食纤维，少吃重油重盐高糖的食物，坚持早睡早起。中老年朋友早晨起床不宜过猛，刚起床时也不要剧烈运动。另外要控制好自己的情绪，宽容待人，从容处事，避免情绪大幅波动。除此之外，坚持有氧运动也是防治心脑血管疾病非常好的方法。有氧运动，不仅可以促进体内脂肪分解，而且可以改善血液循环，像散步、慢跑、太极拳这类的慢速有氧运动尤其适合老年人。

4. 神经退行性疾病的抵御者

神经退行性疾病多出现在中老年，以神经元细胞凋亡丧失为主要表现，其中又以阿尔茨海默病（老年痴呆症）和帕金森病患病率最高。随着生活水平的提高和老龄化进程的加速，神经退行性疾病的发病率不断上升。预计 2050 年，我国老年人口将达到 4.39 亿，占总人口的 1/4，神经退行性疾病也将对社会产生越来越大的影响。

阿尔茨海默病发病早期，患者表现为记忆力衰退，说话啰唆。发展到后期，患者生活不能自理，木讷呆滞，最终因全身消耗衰竭而亡。较西方国家而言，日本老年人患老年痴呆症的比率要低很多，这与其热爱喝茶分不开。帕金森病是一种以震颤、肌肉僵直、运动障碍等为特征的综合征，对中老年人危害很大。据报道，饮茶可使帕金森症的发病率下降 30% ～ 60%。对绿茶防治帕金森症的流行性病学研究发现，亚洲的帕金森发病率要比西方国家低 5 ～ 10 倍，这可能也跟亚洲国家普遍饮用绿茶有关。

引起神经退行性疾病的因素很多，包括自由基损伤、炎症诱导、有毒蛋白质聚集累积等，这些因素不断损伤神经元细胞，导致神经元凋亡，进而发展成神经退行性疾病，形成“老糊涂”。乙酰胆碱是人脑中一种十分重要的神经递质，可维持神经系统的正常运转，老年痴呆患者脑内乙酰胆碱水平下降。英国科学家研究发现，无论红茶还是绿茶都可以有效抑制乙酰胆碱在脑内的分解，进而使得乙酰胆碱维持在较高水平，提高人的认知能力和记忆力。神经炎症也是导致神经退行性疾病的重要因素，神经炎症会释放出促炎细胞因子，产生神经毒性。茶多酚类化合物可以通过抑制炎症因子的释放来起到保护神经的作用。茶多酚及其氧化产物还可以抑制脑中有毒蛋白聚集物的累积，EGCG 可以使被有毒蛋白聚集物损伤的神经元细胞重获活力。这表明，茶多酚不仅可以预防神经退行性疾病，而且可以起到治疗的作用。

茶是富铝植物，过去就饮茶是否会引发阿尔茨海默病有所怀疑。的确，茶树根部富铝能力强，阿尔茨海默病患者脑内也存在大量的铝元素。不过研究发现茶树体内富集的铝溶出率并不高，消费者大可不必担心因为饮茶而增加患神经退行性疾病的风险。饮茶利尿，非但不会增加血浆中的铝含量，反而可以促进铝经尿液排出，因此可以放心饮茶。

除了茶多酚外，茶中的咖啡因可能也对神经退行性疾病具有保护作用。报道显示，饮茶可以降低帕金森症的发病率，而去除咖啡因的咖啡及茶则无此功效。其机理可能与咖啡因促进神经递质多巴胺的传递来防止多巴胺神经元变性有关。此外，科学家发现维生素 B_5 含量低下与老年痴呆症息息相关，缺乏维生素 B_5 会导致抑郁、头晕、记忆力衰退，严重者会出现痴呆及感觉性障碍等。相比一般谷类和蔬菜瓜果，茶叶中的维生素 B_5 含量相对较高。维生素 B_5 是一种水溶性维生素，饮茶对于补充维生素 B_5 是极好的方式。因此，由于茶叶中富含的茶多酚、咖啡因、维生素 B_5 以及茶氨酸等健康成分，常饮茶对于维护脑健康，提高老年人生活质量具有很大帮助，中老年人尤其应该多饮茶。

综上所述，将茶叶提取物开发为保护神经的药物有很大的潜力。然而水溶性强的茶多酚较难通过血脑屏障，进入大脑发挥应有的效果。如前所述，将茶多酚包埋或改性，构造脂溶性茶多酚是一个可行的途径。已有大量关于脂溶性茶多酚的研究，通过对茶多酚乳化或分子修饰法进行改造，结果显示脂溶性茶多酚的抗氧化能力与天然茶多酚差距不大，且强于人工合成抗氧化剂丁基羟基茴香醚（BHA）、2，6- 二叔丁基 4 甲基苯酚（BHT）。

5. 细菌病毒的消灭者

茶叶具有杀菌、抗病毒的功效。唐宋年间，我国医书上就有关于茶叶止痢、杀菌的记载。科学家发现茶叶煎汁抑制痢疾菌的效果与黄连不相上下，且比盐酸小檗碱强。茶叶对许多微生物（包括细菌、真菌、病毒）都具有杀伤能力。

茶多酚抑菌效果优异，金黄葡萄球菌、大肠杆菌、肉毒杆菌、肠炎沙门氏菌等都受茶多酚的抑制。茶多酚的抑菌作用具有很高的选择性，饮茶可以改善肠道菌群，杀灭有害细菌，同时保护有益细菌如双歧杆菌，对有益细菌生长的抑制浓度约是有害细菌的 2 ～ 5 倍，因此正常情况下不会影响有益细菌的活动。同时，茶多酚还会促进有益细菌的生长和繁殖，改善机体肠道微生物结构，提高肠道的免疫功能，长期使用也不会对机体带来伤害。因此，茶多酚在杀菌方面远比使用抗生素要安全得多，同时致病菌对其也不易产生耐药性。给猪喂食含茶多酚的饲料后，发现猪粪臭味减轻，可能是茶多酚上的羟基提供质子与氨反应生成铵盐，同时减少粪便中细菌的滋生，进而减少臭味。

双歧杆菌与人类的健康和长寿密切相关，双歧杆菌可以减少体内致癌物数量，提高免疫力。医学界曾预言，如果体内双歧杆菌总量可维持在1 000亿个，人的平均寿命将可延长到140岁。茶叶中的茶多酚可以促进双歧杆菌的生长，提高肠道免疫力，服用茶多酚以后，粪便pH明显下降，且可以促进肠道的蠕动。在小牛的饲料中添加茶多酚，发现粪便中双歧杆菌和乳酸杆菌等有益菌含量增高，有害菌含量降低，小牛腹泻减少，死亡率明显下降。

茶多酚及其氧化产物还可以抑制口腔主要致病菌，起到预防牙周炎和龋齿的作用。我国很早之前就有用茶叶保持口腔健康的方剂，包括防止复发性口腔溃疡、牙周炎以及牙龈出血、口臭等。茶多酚对牙周炎相关细菌（坏死梭杆菌、牙龈卟啉菌等）具有明显的抑菌效果。产生龋齿的主要病因是细菌，茶多酚具有抑制口腔主要致龋菌的生长、产酸和黏附作用。致龋菌中最重要的是变形链球菌，该菌通过分泌出一种葡萄糖基转移酶，分解口腔中的蔗糖，形成的葡萄糖聚合起来形成葡聚糖。葡聚糖具有与细菌相反的电荷，可以使细菌黏附于牙表形成菌斑，同时分泌乳酸，菌斑不断扩大导致龋齿的发生。茶多酚防龋齿的作用可能是通过抑制葡萄糖基转移酶活性，降低葡聚糖的生成，从而减少与细菌的黏附，菌斑生成减少，同时可以增强牙体硬组织对乳酸的抵抗能力。另外，α－淀粉酶在龋齿的发生中也起着重要作用，它可使淀粉分解转化形成葡萄糖，葡萄糖又是合成葡聚糖的前体。研究表明，红茶、绿茶和乌龙茶都可起到降低唾液α－淀粉酶活性的作用。因此，经常用茶水漱口可以有效防治龋齿。

茶也可以用来治疗皮肤病。将老茶叶碾成末用浓茶汁调和，抹在患处可以治疗带状疱疹、牛皮癣等，浓茶水洗脚还可以缓解足癣。绿脓杆菌是皮肤软组织化脓性感染的主要病原菌，茶多酚具有强大的杀灭绿脓杆菌的能力。军团杆菌、百日咳杆菌可通过呼吸道引起肺部感染及多器官的损害，并可经由医院的中央空调导致院内感染。EGCG 可抑制军团杆菌生长，国外已有将儿茶素安装于空调机内防止医院内感染。红茶提取物可以完全在 24 小时内杀灭百日咳菌，通过破坏细菌的细胞膜，杀灭细菌。葡萄球菌可引起皮肤软组织及内脏器官感染，还可引起败血症、脓毒血症、食物中毒等。葡萄球菌中以金黄色葡萄球菌毒力最强，尤其是耐抗生素的金黄色葡萄球菌已成为医院感染最常见的病原菌。国内外许多研究已证实茶多酚对金黄色葡萄球菌及其产生的毒素具有明显的抑制作用。

茶多酚的抗菌机制目前尚不完全清楚，主要机制是茶多酚能特异性地与细菌蛋白结合，从而破坏细菌细胞膜结构。另外也会影响细菌遗传物质 DNA 的正常状态，从而抑制细菌生长。茶多酚抗菌谱广，对有细胞壁和无细胞壁的革兰氏阳性、阴性菌均有明显抑制作用。茶多酚受潮后还容易发生氧化，在环境中与细菌争夺氧，不利于需氧菌的生长。

目前，大多数由细菌引起的感染性疾病已有完善的治疗方法，而病毒性疾病由于病毒的遗传物质藏匿在细胞核内，难以根除，且长期服用抗生素会产生副作用甚至诱导出现耐药型突变病毒株，因此寻找抗病毒物质仍然是医药工作者的重心。从最常见的感冒到严重的艾滋病，均是由病毒引起的。

流行性感冒是世界上主要传染病之一，可引起大规模爆发。1997 年香港爆发的 H5N1 高致病性禽流感和 2009 年爆发的更严重的新型甲型流感 H1N1 均是由病毒引起的。H1N1 为一种三重重组的流感病毒，其基因组来源于人、禽和猪。现今预防流感病毒感染的主要手段有赖于疫苗，然而由于其适应人群有限制且其安全性一直存在争议，筛选出合适的抗病毒药物在抗击流感病毒治疗中十分关键。目前批准的两类抗流感药物为神经氨酸酶抑制剂和 M2 离子通道抑制剂，可惜二者均已有耐药性的报道。饮茶可以有效抵抗流感病毒的侵犯，香港科学家研究发现饮茶人群出现流感症状的人数远少于不饮茶的人数。日本科学家发现比病毒体积更小的EGCG可以黏附在病毒表面，阻止流感病毒与细胞的结合，起到抑制感染的作用。茶黄素可以抵抗“非典”SARS病毒，来自普洱茶和红茶提取物的抵抗能力大于乌龙茶和绿茶提取物。

病毒同样可以引起腹泻，人轮状病毒是引起人感染病毒性腹泻的主要原因。绿茶及其提取物可以对抗人轮状病毒，其机理是由于茶多酚具有沉淀蛋白质的性质，通过降解了人轮状病毒相关酶类，抑制其感染活性。

艾滋病作为一种仍无有效方法治疗的病毒，是由人体免疫缺陷病毒（HIV-1）引起的。茶多酚及其氧化产物对HIV-1均具有抑制作用，它们通过阻断HIV-1外壳糖蛋白介导的膜融合来阻止病毒进入靶细胞，同时抑制病毒的反转录酶活性。

德国麦迪金（MediGene）公司研制的新药Veregen是含有绿茶浓缩物的软膏，可以治疗人乳头瘤病毒引起的生殖器疣，被美国食品药品监督管理局批准为外用处方药。自2007年始已在美国、以色列、丹麦、斯洛伐克等国上市。

综上所述，茶多酚为许多感染性疾病的防治研究提供了新的领域，相比内服，开发茶多酚药膏作为外科用药临床效果可能会更好。

6. 免疫系统的保卫者

人体本身存在免疫防御系统可以抵御入侵人体的病原菌。人体免疫系统包括非特异性免疫和特异性免疫两部分。非特异性免疫具有遗传性，也称先天免疫或固有免疫，是人类在长期进化过程中逐渐获得的。特异性免疫则是后天因感染或人工预防接种疫苗之后获得的。特异性免疫只针对某一特定病原，也称为获得性免疫。研究表明，饮茶可以提高人体的免疫力，增强对病原菌的抵抗能力。

很多人都有过敏的症状，如有些人对空气中的花粉、污染物过敏，有些人则对海鲜、牛奶过敏。其原因在于机体误把以上物质视为有害物，不仅拒绝吸收，而且启动免疫反应对它们进行驱逐和消灭。然而当这种免疫反应超出了正常范围时，在对这些物质排斥打击的同时也会伤害正常的组织，对健康非常不利。此时正常免疫反应就上升为变态反应，反应启动过程中会刺激肥大细胞释放出组胺，引发一系列过敏症状，如瘙痒、红肿、腹泻、哮喘、流鼻涕等。通常身体对过敏原产生的变态应激被称作过敏反应。饮茶可以有效缓解过敏，减少组胺的形成。

茶多酚可以促进免疫系统淋巴细胞增殖，提高其免疫防护的功能。茶多酚可促进机体干扰素和肿瘤坏死因子等免疫相关细胞因子的分泌，增强免疫活性，抑制肿瘤生长。在给大鼠服用儿茶素水溶液的实验中发现，儿茶素可以增强大鼠巨噬细胞对外来物的吞噬能力，提高免疫力。法氏囊是禽类特有的免疫器官，囊壁充满淋巴组织，肉仔鸡食用含有茶多酚的鸡饲料后，淋巴细胞增殖，法氏囊重量增加。以茶多酚为主要原料制成的药物“亿福林”可以促进抗体的生成，并且可将抗体数量维持在较高的水平，人服用后血清中免疫球蛋白的数量增加。

7. 防治糖尿病

糖尿病是现代社会一类常见的慢性病，是指胰岛素相对不足或绝对不足引起的体内糖、脂肪、蛋白质及酸碱平衡失调导致的内分泌代谢紊乱综合征，表现为高血糖。我国糖尿病患者近1亿人，居世界之首。世界卫生组织将糖尿病分为1型和2型两类。1型糖尿病主要是由于胰岛β细胞遭到破坏，胰岛素绝对缺乏，血浆中胰岛素水平低于正常引起的。由于发病与自身免疫系统有关，补充胰岛素可以改善。1型糖尿病起病突然，多发于 30 岁以下，肥胖引发的占大多数，且常伴随高血压、心脑血管疾病、癌症等。众所周知，肥胖会引发一系列疾病，而饮茶则可以减肥。唐《本草拾遗》中就有关于茶“去人脂，久食令人瘦”的记载。2 型糖尿病则最为常见，多发于中老年人，在欧美国家糖尿病人中占 90% 以上，且发病年龄日趋年轻化。2 型糖尿病主要是由于机体对胰岛素的敏感性下降，对胰岛素有一定抵抗作用形成的，其发生是多种因素相互作用的结果。糖尿病患者多表现为“三多一少”的症状，即多食、多饮、多尿以及消瘦。现代医学仍无法根治糖尿病，患者需要终身控制饮食。国际糖尿病联盟数据报告：2035 年全球糖尿病患者数量将达到 5.92 亿，1/10 左右的成年人都将受到糖尿病的困扰。

茶叶中茶多酚和茶多糖都具有一定的降血糖功效。2 型糖尿病患者连续饮用白茶 30 天后，口渴多饮症状明显缓解，血糖明显降低。患有糖尿病的小鼠饮用白茶后，其“三多一少”症状明显改善，60 天后小鼠胰腺功能改善，血糖恢复正常水平。茶多酚改善糖尿病的疗效，一是通过提高机体对胰岛素的敏感性，儿茶素和茶黄素也有相似的作用效果。二是由于肠道吸收葡萄糖依赖于葡萄糖转运载体，茶多酚可以通过抑制葡萄糖转运载体的活性，抑制葡萄糖的运输，减少肠道对葡萄糖的吸收。三是茶多酚可以通过抑制淀粉酶和蔗糖酶等的活性使得蔗糖和淀粉无法分解消化吸收，直接被排出体外，这也是茶多酚能够抑制餐后血糖升高的主要原因。

8. 防辐射

第二次世界大战时，由于核武器的投入使用，尤其是原子弹的爆炸，给人类蒙上了一层死亡的阴影。广岛原子弹爆炸的幸存者，不少因为受到过辐射，相继发生怪病并陆续死亡。但后来的调查发现，凡是坚持长期喝茶的幸存者生命周期相对长一些，这是由于茶叶中的茶多酚具有极强的防辐射损伤功效。茶叶提取物可有效消除放射性物质对生物造成的伤害。因此，日本人民把茶叶视为“原子时代的饮料”。

今天，随着科学技术的进步，人们越来越多地受着核电站、放射线医疗、金属X射线探测等的直接辐射损伤。同时，随着电脑、手机、电视及相关电子产品的普及，人们还承受着越来越广泛的低剂量长时间的电磁辐射的危害。它们是人类的慢性杀手，轻者会导致头晕目眩、胸闷气滞、全身乏力，重者会诱发胃肠功能失调，免疫力下降，衰老加快，出现各类慢性疾病，严重危害身体健康。

多年的研究证实，茶多酚的抗辐射作用，主要表现在对辐射损伤的防护和对损伤机体的修复两个方面。首先，茶多酚具有多个酚羟基，能够提供与辐射产生的自由基结合来消除机体内过量的自由基，避免生物大分子的损伤，从而起到防护作用。其次，生物体内存在大量的酶类，有的对辐射具有防护作用，有的则会加重辐射损伤。茶多酚等辐射保护剂可以通过调节各种酶的活性，增强防辐射酶的活性，起到防护的作用。此外，茶多酚对辐射损伤的免疫器官具有修复作用，促进受损免疫细胞的恢复，调节和增强免疫功能，提高细胞对辐射的抗性。最后，茶多酚还可以提高机体的造血功能，机体受辐射后，造血干细胞及骨髓有核细胞的分裂都会受到损伤，造血功能下降。茶多酚不仅能够对血象损伤有明显的防护效应，而且尤其对受辐射损伤的白细胞具有明显的恢复作用。综上所述，茶多酚不仅具有防辐射损伤效应，而且对辐射造成的损伤也具有修复作用。

此外，锰元素在茶叶中含量高，且茶叶中富含多糖、黄酮、皂苷、类胡萝卜素等，这些物质也普遍被认为是具有抗辐射作用的次生代谢产物。因此，饮茶防辐射具有现实可行性，尤其是生活在现代社会中的人们，更需要多饮茶，饮好茶。

茶叶中的锰含量显著高于一般食物

茶叶类型	含锰水平（毫克/100克）
砖茶	125.50
珠茶	63.37
红茶	49.80
绿茶	32.60
花茶	16.95
铁观音	13.98

中国食物中含锰水平分布

食品名称	含锰水平（毫克/100克）
小麦胚粉（特二级）	17.30
小麦	3.10
稻米（标一）	1.36
小米	0.89
辣椒（干、红、尖）	11.70
黑豆	2.83
黄豆（大豆）	2.26
绿豆	1.11
胡萝卜	0.24
茄子	0.13
甜椒（灯笼椒）	0.12
番茄	0.08

资料来源：杨月欣，王光亚，2010．中国食物成分表［M］．北京：北京大学医学出版社．

9. 其他功能

茶多酚具有解酒的作用，民间有可以用茶来解酒精之毒的传说。然而，由于茶中含有咖啡因，饮酒后再饮茶，咖啡因与酒精双管齐下，兴奋作用加强，心脏的负担也相对加重，使得借茶解酒酒更浓。肝脏是体内酒精代谢的主要场所，少量的酒精（乙醇）在肝细胞浆中的乙醇脱氢酶的作用下被还原为乙醛，乙醛化学性质非常活泼，可改变蛋白质分子（尤其是酶）的正常状态，影响正常体内代谢活动。乙醇还可以经复杂的单电子链式反应还原为 α－羟乙基过氧自由基，该自由基会攻击细胞膜上的多不饱和脂肪酸，引起脂质过氧化。但是茶叶当中的茶多酚作为抗氧化剂，既可以抑制乙醇氧化为乙醛，也可以清除机体内由乙醇介导的氧化应激产生的自由基，这对减轻酒精诱发的肝病起到积极作用，因此茶多酚可以起到护肝的作用，具有临床应用价值。茶多酚可以作为天然的解酒剂，日常生活中可以通过弃掉头泡茶的方法减少茶汤中咖啡因的含量，保留其中茶多酚等有益组分，起到解酒的作用。

茶多酚可以有效去除口腔异味，多喝茶，可保持口腔卫生、减少口气。人体肠道代谢紊乱及口腔细菌是导致口臭的主要原因。口腔中难闻的气味主要是由具有挥发性的含硫化合物和含氮化合物产生的。这些物质一旦超过人体耐受量，会对机体带来相当大的伤害。茶多酚易溶于温水，在唾液中很容易溶解。茶多酚溶于唾液后，一方面可以和引发口臭的化合物发生化学反应，直接消臭。另一方面通过抑制产生致臭化合物的相关酶类，间接干预。日本科学家研究发现茶多酚主要组成成分儿茶素的消臭率明显高于普通的口腔消臭剂，其中 EGCG 的效果最好。此外，茶多酚还可以有效缓解口腔溃疡。口腔溃疡是最常见的口腔黏膜疾病，病因尚不明确，可能与压力、饮食、激素水平以及维生素和微量元素缺乏有关，至今仍无天然有效的成分可以舒缓口腔溃疡。茶多酚具有卓越的清除自由基的能力和抗菌消炎的活性，能有效杀灭细菌、真菌。传统漱口水，因其中含有化学消毒剂，使用过程中，可能会产生口腔黏膜刺激，诱发创伤。与传统漱口水相比，用含茶多酚的漱口水漱口，不仅可以维持口腔黏膜的完整性，而且可以迅速促进伤口愈合，抑制黏膜出血和伤口面积扩大。

茶多酚具有清除皮肤表面油腻、收缩毛孔、消炎灭菌、减少光损伤等作用，临床试验表明外用儿茶素缓解黄褐斑的效果与外用复方氢醌霜的效果相近，且对皮肤不会产生任何不适，在开发护肤品方面同样具有广阔市场。

三、茶氨酸的保健功能

茶氨酸作为茶叶中特有的氨基酸，也发挥着重要的生物活性，如镇静安神、保护神经细胞、改善记忆力、提高免疫力、缓解女性经期综合征等。目前，市场上有关茶氨酸的保健品日益丰富起来，其安全无副作用的性质广受消费者的喜爱。

1. 保护神经细胞

脑内谷氨酸是一种神经递质，可以起到兴奋神经的作用，在学习和记忆以及神经元生长方面具有重要作用。神经退行性疾病患者脑内谷氨酸受体脱失，使得游离谷氨酸含量过高，大量聚集引发神经毒性，造成神经元凋亡。茶氨酸对神经细胞具有保护作用。由于其结构与谷氨酸相似，且分子量小，能够顺利通过血脑屏障，替代谷氨酸与下游受体结合，可以一定程度上通过阻碍谷氨酸介导的细胞信号通路，缓解由谷氨酸导致的神经损害，保护脑通路，防止老年痴呆等神经系统疾病。

2. 镇静安神，提高记忆力

茶氨酸可以起到镇静安神的作用，这是目前关于其功效研究最为深入的部分。目前开发的关于茶氨酸的保健品大多是基于其镇静安神、助睡眠的作用。茶氨酸的镇静安神作用与其对脑电波的影响有关。小到细菌，大到大象、鲸鱼体内均有电波的活动，脑电波根据频率的不同可以分为四种：α，β，δ，θ。脑电波也是反映大脑细胞活动节奏的最直观的表现。α 电波频率为 8 ~ 13 赫兹，通常出现在人处于清醒、安静且闭眼的状态下，一旦睁开眼睛，α 波随即消失，在无外界打扰时，频率非常恒定。β 波频率为 14 ~ 30 赫兹，一般是当机体受到较大影响时出现，如精神紧张、情绪激动。当人从噩梦中惊醒时，原来的慢波 α 可立即被频率较快的 β 波所替代。δ 波频率最慢，为 1 ~ 3 赫兹，主要出现在婴儿期或智力发育不成熟时期以及成年人在极度疲劳和昏睡，甚至是麻醉状态下，在脑部颞叶和顶叶可以记录到 δ 波。θ 波频率在 4 ~ 7 赫兹，通常受到挫折，心情低沉抑郁时以及精神病患者可能产生这种波。青春发育期（10 ~ 17 岁）的少年脑电图中以 θ 波为主。在人心情愉悦或静思冥想时，一直兴奋的 β 波、δ 波或 θ 波会立马减弱，而 α 波则相对增强。茶氨酸可以促进脑中 α 波的产生，服用茶氨酸后机体会明显感到身心放松、意识清醒，起到镇静的作用。实验表明，饮用 1 ~ 2 杯茶，其中所含茶氨酸的量即可对 α 脑电波起到增强的作用，缓解焦虑。

茶氨酸同时可以影响脑内神经递质的水平，尤其是多巴胺和 5– 羟色胺。多巴胺直接影响人的情绪，令人兴奋、开心，可以提高记忆力，治疗抑郁。相关实验研究表明服用一定剂量的茶氨酸可以使小鼠记忆力提高，更快地找到迷宫出口，减少犯错次数。此外小鼠学习能力也显著提高，在较短的时间内就能掌握逃离迷宫的要领。5– 羟色胺也是脑内非常重要的神经递质，被称为血清素。5－羟色胺水平较低的人群更容易产生抑郁症，行为表现也比较冲动，如酗酒、攻击、暴力甚至是自杀等行为。科学家们有时因为实验需要，会通过改变实验动物脑内5－羟色胺的水平来使它们更具有攻击性。有趣的是，女性大脑合成5－羟色胺的速率仅是男性的一半，这也从神经递质的角度解释了为什么妇女更容易患抑郁症。除了性别差异，伴随年龄的增长，5－羟色胺的受体数量不断减少，5－羟色胺难以发挥其应有的作用。据一项研究显示，60岁与30岁的人相比，大脑中5－羟色胺特异受体的数目已减少了60%，使得老年人患抑郁症的可能性增加。此外，5－羟色胺也具有增强记忆力的作用。服用茶氨酸可以通过调整脑内5－羟色胺的水平，增加其前体物质色氨酸的水平，一定程度上提高5－羟色胺的水平。目前，5－羟色胺已成为国外常用的一种抗抑郁的保健品。

除了茶氨酸之外，茶叶中还含有一类十分重要的氨基酸，γ－氨基丁酸，其在茶叶中的含量为0.03毫克／克左右，也具有镇静安神的作用，国外已有将其提取出来制成保健茶的先例。通过将采下的鲜叶放在厌氧状态下（真空或二氧化碳环境）5～10小时，可将其中的γ－氨基丁酸含量提高至1.5毫克／克以上。

茶氨酸素有“天然镇静剂”的美誉，美国、日本等国家已经开发上市了以茶氨酸为主要原料，并辅以缬草根提取物、金丝桃素等天然成分在内的纯天然保健胶囊。适合长期服用且疗效显著，可以有效促进睡眠，同时不会产生任何副作用。

3. 提高免疫力

2003年“非典”爆发时期，哈佛大学医学院就有报道饮茶可以通过提高人体免疫力来抵御病毒侵扰的作用。《美国科学院学报》上也曾报道，茶氨酸可以使人体的免疫力增强 5 倍。这是由于茶氨酸的前体物质乙胺可以活化血液中的 γ－δT 免疫细胞，从而提高免疫力。γ－δT 免疫细胞是抵御许多细菌和病毒的第一道防线，甚至在抗肿瘤方面也发挥着积极作用。茶氨酸还可以促进 γ－δT 细胞分泌具有抵御感染的干扰素。美国科学家让 11 位志愿者每天喝 5 杯茶，让 10 位志愿者每天喝 5 杯咖啡，结果发现喝茶的志愿者体内干扰素的数量是饮咖啡者的 5 倍。多项研究表明，喝茶的确可以增强免疫力，联合国世界卫生组织曾提出的 10 种可以预防“非典”的食物，其中就包含绿茶。

4. 缓解经期综合征

经期综合征（Premenstrual Syndrome，PMS）是指女性月经前 3 ~ 10 天出现的精神及身体上不适的总称，包括头痛、胸部胀痛、腹痛、腰痛、无力、精神疲劳、烦躁、精神难以集中等症状。大部分女性均会出现此类症状，由于反复出现，极大地影响了女性的正常生活。研究表明服用茶氨酸之后，此类症状可以逐渐得到改善，具体机理还正在研究，可能也与茶氨酸的镇静安神功能有关。

此外，茶氨酸还具有降血压、抗疲劳、抑制肿瘤生长等相关作用，目前都正在研究探索中。

四、咖啡因的保健功能

茶中含有 2% ~ 5% 的咖啡因，一般来说其含量夏茶高于春茶，红茶高于绿茶，嫩叶高于老叶。咖啡因具有兴奋、强心利尿、促进消化液分泌、减肥等多重功效。

1. 兴奋提神

我们早就知道喝咖啡可以提神醒脑，茶也一样，咖啡因可以通过刺激大脑皮层和中枢神经来起到兴奋作用，使得思维清晰，记忆力增强。

2. 强心利尿

有些人喝了茶或咖啡后会有明显的心跳加快的感觉，这是由于咖啡因促进血液循环，使得冠状动脉扩张，增加心肌收缩能力带来的结果。这一点对于心跳迟缓的心脏病患者具有一定的改善作用，但本身心跳过快的人群建议选用咖啡因含量较低的茶。另外，很多人发现茶叶具有利尿排钠的功效，与喝水相比，其利尿效果要强两三倍。饮茶的利尿效果，主要归功于咖啡因可以迅速扩张肾血管，促进肾脏血流加快，导致肾小球过滤速度加快，抑制肾小管的再吸收，促进排尿。对于患有排尿困难的人群具有一定的帮助作用，而且几乎没有副作用。体内钠随着尿液的排出，可以有效降血压，同时减轻肾脏负担，对肾脏有消肿作用，防止肾炎的产生。

3. 促进消化液分泌

很多人发现喝了茶肚子容易饿，误认为是由于茶多酚对胃的刺激作用导致的。这种看法是错误的，茶多酚作为一种缩合鞣质，只会由小分子聚集成大分子，对胃的刺激性很弱。饿的感觉主要是咖啡因刺激胃液分泌引起的，消化液的分泌可加速食物的分解，提高胃动力，促进消化。但并不建议空腹饮茶，因为不仅会对胃有一定的刺激作用，而且会引发眼花、头晕、心慌等一系列“茶醉”的现象，对健康不利。

4. 减肥消脂

可以发现常喝茶的人都不会很胖，这是因为咖啡因可以加速体内脂肪的消耗。日前市面上很多减肥药中也含有咖啡因。但减肥药中添加的大多都是人工合成的咖啡因。虽然人工合成的咖啡因与天然的咖啡因在结构、效应上基本毫无差别，但在合成过程中，不免会使用到很多有毒甚至剧毒的化学原料，对环境产生严重的污染。而茶叶中的咖啡因纯天然，不会对环境产生任何污染，同时喝起来也更放心。

五、茶多糖的保健功能

我国和日本民间早就有用粗老茶叶治疗糖尿病的习俗，这主要是基于茶多糖的降血糖作用。糖尿病的主要表现是血糖升高，原因是胰岛素供应不足或胰岛素不能正常发挥作用，使得体内糖、蛋白质及脂肪代谢发生紊乱，造成血液内糖浓度上升。茶多糖是一种类似于灵芝多糖和人参多糖的高分子化合物。茶多糖可以通过促进胰岛素分泌，改善糖代谢，直接降低血糖。

茶叶中主要功能性成分茶多酚、氨基酸和咖啡因等均随叶片老化而含量降低，而茶多糖恰恰相反，叶片越粗老，茶多糖含量越高。因此，采用较粗老原料制作的黑茶和乌龙茶，在提高人体代谢，促进脂肪分解，降血糖方面效果更好。研究人员用粗老茶叶治疗糖尿病，有效率达70%。在糖尿病的辅助治疗中，通过补充茶多糖，患者症状均有好转。目前，我国很多茶园主要采摘春茶，大量的夏秋茶浪费，如果将其利用起来开发治疗糖尿病的相关药品及保健品既可以避免资源浪费，同时也是对人类健康做出了巨大贡献。

自古以来，饮茶以“热泡”为主，不仅可以充分体会茶汤的浓醇甘甜，也利于香气的释放。然而近年来兴起的用冷水泡茶其实更有利于发挥茶的降血糖功效。“冷泡茶”，顾名思义，就是将茶叶放入茶杯，加入冷水，通过振荡和静置获得冷泡茶，方便简单，特别适宜在夏天或旅行或上下班途中使用。具有降血糖功效的茶多糖受热易分解，沸水冲泡后其结构会受到严重破坏，其有效性也会受到影响。采用冷水泡茶可以最大限度保护茶多糖的完整性。一般建议茶水比 1：50，浸泡时间长短不限，一般需要2～3个小时。喝到一杯好喝又健康的“冷泡茶”的确需要一定的时间和耐心。可以在前一天晚上将茶叶和冷水混合后，盖上盖子，放在冰箱的冷藏室里，第二天早上加些许温开水即可饮用。此外由于茶多酚和咖啡因都易溶于热水，冷水泡茶还可以减少茶多酚和咖啡因等物质的浸出，这也更适合失眠患者和讨厌苦涩味的人群享用。

对于糖尿病患者而言，由于中低档茶的茶多糖含量比高档茶高，因此从健康角度考虑，选用中低档茶进行冷泡法比选用高档茶降血糖效果更好。从这一方面说，也就是性价比更高，更加经济实惠。然而糖尿病患者需要注意，不能因喝茶可以降血糖就饮茶过多，大量饮茶会加重肾负担。同时，饮茶宜淡不宜浓，浓茶咖啡因含量较多，容易引起心跳加速，心慌，血糖升高。适当饮淡茶有助于排毒利尿，饮茶过浓则会导致大便秘结，这是糖尿病患者的大忌。

六、茶色素的保健功能

茶叶中的色素包括脂溶性色素和水溶性色素，泡茶能够浸出的是水溶性色素，包括茶叶本身含有的花黄素类，即黄酮类，和加工过程中形成的茶多酚的氧化产物茶黄素、茶红素和茶褐素。黄酮类色素是茶叶水溶性黄色素的主体物质，是绿茶茶汤色泽的重要影响成分。同时也是一种很强的抗氧化剂，可以起到消炎、改善心脑血管疾病的作用。茶色素具有和茶多酚类似的抗氧化活性，对各种疾病的改善作用机理与茶多酚相似。茶叶中的脂溶性色素包括叶绿素和类胡萝卜素，叶绿素有促进伤口愈合，治疗溃疡，防治炎症等作用。胡萝卜素类物质作为维生素A的前体，对视力的改善有帮助作用。但是冲泡是不能将脂溶性色素溶解出来的，其摄取均需要“吃茶”，而不是简单的“喝茶”，近年来兴起的应用于食品工业的茶粉是摄取脂溶性色素很好的解决办法。

七、不同茶类的保健功效对比

六大茶类根据品种、加工方式的不同使得它们的内含成分具有明显的差别，因此各有各的特点。绿茶、白茶发酵程度轻，茶多酚保留完整，但其性质较为寒凉，可能并不适合所有人群饮用。同时，近年来掀起的“老白茶热”“普洱茶热”，意在活化茶叶市场，提高区域产品价值，本节着重从科学的角度分析其是否具有收藏价值。同时也较为系统地介绍普洱茶减肥的机制和饮用黑茶是否卫生等一系列热门问题。

1. 六大茶类性质的比较

红茶和绿茶的消费人群最丰富，同时也是六大茶类中性质对比最明显的两类茶。绿茶作为我国历史上最为悠久的传统茶类，早在一千多年前的唐代，就已出现了通过蒸青方法加工制成的绿茶，并将其压制为团茶，简称“蒸青团茶”。到了宋代，加工方法简化，改团茶为散茶。明代随即出现了绿茶的炒青制法，利用干热风来促进茶香的挥发，绿茶品质得到质的提高。新中国成立以来，随着茶叶机械的迅速发展，绿茶的机械化生产逐渐取代手工炒制，产量得到了提高，质量也趋于稳定。绿茶制造过程中的关键工序即为“杀青”，通过高温杀青，使得鲜叶中的多酚氧化酶失活变性，防止茶多酚在多酚氧化酶的作用下氧化聚合形成有颜色的茶黄素、茶红素等，确保了绿茶“清汤绿叶”本质特征的形成。同时，杀青使叶子内相关成分发生变化，促进绿茶品质的形成。在杀青过程中，低沸点的青草气逐渐散发，高沸点的茶香慢慢显露出来。蛋白质水解为氨基酸，氨基酸总量逐渐增多。在随后的揉捻和干燥过程中，氨基酸含量并不稳定，时多时少。最后一步干燥，伴随着热力作用，部分氨基酸与多酚类复合物氧化生成芳香物质，一方面降低了苦涩味，另一方面也使茶香增强，出现了绿茶特有的清醇芳香的风味。

红茶与绿茶相反，发酵揉捻过程中，多酚氧化酶与茶多酚充分结合，使绝大部分茶多酚氧化形成茶黄素、茶红素。蛋白质慢慢水解为氨基酸，而此时氨基酸含量并不会显著增多，这是由于相当部分的氨基酸与多酚类物质结合，形成醌类或转化为醛、酸、醇等芳香类物质。中间产物醌类物质会与蛋白质结合形成不溶于水的红色化合物沉淀于叶底。干燥过程中，在高温作用下，氨基酸发生热裂解反应，使其含量进一步下降，最后干茶中的氨基酸总量与鲜叶中的含量基本持平。

六大茶类中的其他四类茶，乌龙茶由于加工过程中的做青工艺，使得叶片部分发酵，性质也就介于红、绿茶之间。白茶不经杀青，萎凋过程中微发酵，性质更接近绿茶。黄茶和黑茶在杀青后分别经历闷黄和渥堆，即经历我们通常称之为的“后发酵”过程，因此性质也比较温和。

2. 保健功效对比

六大茶类由于加工方法的不同使得其呈现出的品质及保健功效也略有不同。每个人由于体质的不同对各类茶的敏感适应性也不同。绿茶、白茶均属寒凉之物，并不适合每一个人。同时，近年来兴起的“白茶热”“黑茶热”，还有曾经一段饱受质疑的“黑茶是否卫生”等话题成为茶友闲来漫谈的内容。这里我们就从科学的角度介绍一下上述几个问题。

(1) 绿茶与白茶均属寒凉之物?

很多人喝了绿茶或白茶会感觉胃部不适，进而认为茶为“寒凉之物”，不宜饮，但其实这与绿茶和白茶本身的特性和饮茶人的体质都有关系。绿茶由于加工工艺的特点最大限度地保留了茶多酚，因此也最为明显地展现出茶多酚的保健功效。同时由于未经发酵，茶多酚保留最多，因此给人的感觉较其他茶类要“寒”许多，肠胃脆弱的人尤其不大适合饮用绿茶。这就像喝绿茶，有时我们会感觉口腔涩涩的，过一会儿又出现回甘一样，都是由于茶多酚会和口腔或胃中的蛋白质结合，形成一层膜，这层膜不透水，因此我们会感觉到涩，过段时间，膜破掉了，就会产生回甘。对于胃来说，则会些许刺激胃黏膜，引起肠胃不适。

与绿茶相比，白茶也具有卓越的降火消炎功效。白茶加工十分简单，首先采摘白毫较多的肥壮芽叶，薄摊于萎凋筛上，置于通风较好的室内，使茶叶自然萎凋，待青气散去，用文火慢慢烘干即成。明代田艺衡所著《煮泉小品》中记载："茶以火作者为次，生晒者为上，亦近自然，生晒茶沦于瓯中，则旗枪舒畅，青翠鲜明，尤为可爱"。其中"生晒者为上，亦近自然"指的就是白茶的加工方法。由于不经过任何高温处理，在最大限度保留了茶中内含成分的基础上，只有些许茶多酚氧化，因此在性质上将其列为微发酵茶。但是又因未受到"火功"，咖啡因保留较多，升华较少，空腹饮用会刺激胃酸分泌，对胃造成刺激。咖啡因具有强心利尿、解毒、扩张血管、消除疲劳的功效，正是由于白茶所含咖啡因比其他五类茶高，具有利尿的效果，这也就是民间多利用它作为降火良药，消暑生津、退热降火的生化依据。

常喝咖啡会导致上火，这主要是由于咖啡中含有大量的咖啡因，咖啡因利尿，体内水分流失加快，所以单纯喝咖啡会导致口干舌燥，火气伤阴。因此建议上火的时候不要喝咖啡，以免火上浇油。喝咖啡的时候，要多喝水，减少体内水分流失，防止上火伤身。白茶咖啡因含量高，但是由于咖啡碱因在第一泡时已大部分溶出，而我们喝茶时会冲泡多次，好的白茶甚至能冲泡十几次，因此投茶一次摄入的咖啡因含量远低于一包咖啡冲出的咖啡因量。同时，白茶中具有消炎抑菌的茶多酚含量也较高，与具有利尿作用的咖啡因搭配，共同构筑了白茶去火清热的功效。由于其制法吸热最少，因此也就成为了最为"寒冷"的饮料。但是陈放多年的老白茶在存放过程中，茶多酚类物质发生氧化聚合反应，使老白茶的寒性慢慢减弱，趋于温和。

（2）白茶是否越陈越好？

白茶素有“一年茶，三年药，七年宝”的说法，然而真正的老白茶其实并不多见，即便是有意识的开始存储白茶也是近几年的事情了。在产白茶地区的当地人看来，将白茶收藏起来不是为了卖高价，而是为了备不时之需。他们多用老白茶预防头痛脑热，排湿解毒。那么白茶真的越存越好吗？研究人员通过分析不同年份白茶的主要生化成分发现，较短储藏年限的白茶其茶多酚、咖啡因、游离氨基酸、可溶性糖水平都略有下降，但整体变化不大，而陈放20年左右的白茶中茶多酚含量极少，黄酮含量显著升高。这可能是由于贮藏过程中，多酚类物质的结构发生了转化，促进了黄酮类物质的形成。黄酮类物质具有强大的抗氧化活性，抗菌消炎、抑制肿瘤生长、抗过敏等多种生物活性，因此陈年白茶的确具有良好的药用价值。另外，随着白茶贮存时间的延长，茶多酚在后发酵作用下形成茶黄素、茶红素及茶褐素，同时黄酮类物质大量增多，这就是为什么新白茶汤色较浅，而陈年白茶汤色红润的主要原因。与此同时，老白茶的滋味也在逐渐醇和，性质也逐渐转温。但是并不是储存时间越久越好，储存过程中如果不注意保存环境，茶叶作为一种吸附能力极强的物质，很容易变味，也容易滋生微生物，故应理性地有选择地储存。

（3）黑茶为什么可以降脂减肥？

近年来掀起的黑茶降脂减肥热潮使得以普洱茶为代表的黑茶风越刮越热，然而黑茶究竟与其他茶类有什么不同，又为什么可以起到明显的降脂减肥功效呢？我国边疆少数民族长期食用高油高脂食物，患肥胖和三高疾病的人群却相对较低，究其原因难免离不开他们喜爱饮用黑茶。这里我们就从科学的角度谈一谈黑茶的加工工艺及降脂减肥机制。

黑茶是中国特有的茶类，原产于我国西南地区，有着悠久的历史。

黑茶作为一个统称，按照原料和加工工艺的不同，可以分为黑毛茶、茯砖茶、花砖茶、青砖茶、康砖茶、六堡茶和普洱茶。产地遍及云南、贵州、四川、湖南等省，主要供应我国西北、西南少数民族以及俄罗斯和中亚地区，因此也称之为边销茶。

黑茶之所以“黑”，主要是由于加工的关键工艺——渥堆。渥堆之前，鲜叶经晒青制成晒青毛茶，将晒青毛茶压制成饼即为生饼茶。将晒青毛茶堆放在具有一定温度和湿度的环境下进行微生物发酵，使茶叶的内含物质发生了一系列变化的过程就称为渥堆。渥堆之后再经揉捻、干燥等环节就形成了黑毛茶。

那么，黑茶到底是否具有降脂减肥作用呢？是否又随着储存年份的增加效果越来越好呢？首先降脂减肥的作用可能是与茶褐素的形成有关，随着储存时间的延长，茶多酚和茶黄素、茶红素会慢慢氧化为茶褐素，茶褐素具有明显的抑制脂肪合酶作用。有研究发现保存近五年的黑茶对脂肪合酶的抑制能力最强，有可能与微生物影响茶褐素的含量有关，因此并不是储存越久越好。

此外，茯砖茶相对其他黑茶具有更好的减肥效果，可能是由于茯砖茶具有独特的“金花”菌造成的，“金花”也是茯砖茶区别于其他黑茶的重要特征。茯砖茶属于完全发酵茶，加工工艺复杂、独特。茯砖茶表面存在着很多金黄色小点，就是我们俗称的“金花”。“金花”

■ 茯砖茶中的金花

是由茯砖茶中的冠突散囊菌形成的，其形状为金黄色闭囊壳。冠突散囊菌可以分泌多种胞外酶，包括多酚氧化酶、果胶酶、纤维素酶和蛋白酶等，因此可以在储存过程中催化相关生化反应，如多酚物质的氧化聚合、蛋白质、果胶、纤维素的降解、转化等。冠突散囊菌可以促进多酚类物质逐渐转化为茶黄素、茶红素、茶褐素，降低茶叶的苦涩感，提高减肥功效，因此不仅改善了茶的品质，而且有助于减肥。茯砖发花过程中各种菌竞相生长，其中冠突散囊菌的数量显著增长，其他菌体的生长同时被抑制。因此，"金花"也被视为茯砖茶品质好坏的重要指标。

（4）饮用黑茶是否安全？微生物指标合格吗？

黑茶除了原料较其他茶类成熟度更高外，还主要区别在它的后发酵工艺上。晒青毛茶在微生物和湿热共同作用下，使得粗老茶叶的生化成分发生一系列显著变化，包括某些物质的降解和新物质的生成。微生物理论认为湿热条件下，微生物为了满足自己对养分（碳氮）的需求，不断分泌胞外酶进行酶促分解、氧化还原反应，使纤维素、果胶、蛋白质等物质转化为小分子物质，对黑茶滋味和香气的形成起积极作用，最终使得黑茶在化学成分和活性方面有别于其他茶类。

由于原料粗老，黑茶中茶多糖含量一般高于其他茶类，茶多糖随鲜叶成熟度的增加而增加，且大多数为与蛋白质紧密结合的糖蛋白复合物。黑茶中的茶多糖来源有两方面，一方面是茶叶本身所固有的，另一方面是渥堆发酵过程中由微生物代谢产生的，如酵母菌的细胞壁含有甘露聚糖、葡聚糖等成分。

黑茶不仅茶多糖含量高，而且活性强，这是因为渥堆过程中，在糖苷酶和蛋白酶等水解酶的作用下，多糖水解，蛋白水解，形成了长度相对较短的糖链和肽链，小分子物质较大分子物质更容易被人体吸收，因此黑茶的茶多糖活性要优于其他茶类。

随着近年来的“黑茶热”，也有一些关于黑茶饮用安全性的负面报道。黑茶在渥堆发酵过程中产生了许多微生物，包括黑曲霉、根曲霉、灰绿曲霉和青霉。这些微生物会产生如酶类、有机酸、矿物质等生理活性物质。渥堆过程中，温湿度适宜，尤其适合微生物生长，细菌、真菌、霉菌数量在渥堆早期都呈显著增长趋势，以酵母菌为优势菌。然而到渥堆后期，茶叶堆中温度、酸度升高，达不到微生物生长的最适条件，尤其是细菌耐温性较差，因此繁殖速度随温度升高而下降。同时由于多酚类物质具有的杀菌作用，使得细菌和霉菌的消亡速度大于繁殖，数量明显下降，因此不会使茶叶发生霉变，反而将可以产生有益作用的真菌如酵母菌等保留了下来。

■ 紧压黑茶

这些微生物已被证实不会影响人体健康，如黑曲霉在食品工业上已广泛用作发酵菌种，如用于食醋生产制曲、麸曲法白酒生产制曲等领域。但是黑曲霉在高温高湿环境下大量繁殖，引发霉变，甚至可能会产生致癌性的黄曲霉毒素。而由于茶叶本身特性使得黑曲霉的生长控制在一定范围内。因此，在黑茶加工过程中虽然伴随着微生物的大量繁殖，但由于微生物繁殖特点及茶叶中杀菌物质的存在使得微生物在渥堆后期数量急剧减少，并限制在安全范围内。同时，渥堆后进行干燥，也会使得微生物在高温环境下失活。因此，可以放心饮用黑茶。

■ 黑茶压制的茶饼

■ 安化千两茶

第四章　健康饮茶

“茶之为饮，发乎神农氏，闻于鲁周公”——《茶经·六之饮》。茶作为一种日常饮品，滋润了中华民族上千年，它带给人们的不仅是口感上的慰藉，更是点亮心灵深处的那一盏烛光。自唐代以来，茶叶外形经历了从饼茶到散茶的变迁，并于清代最终形成了现在的六大茶类，包括绿茶、红茶、青茶（即乌龙茶）、白茶、黄茶、黑茶，改变了绿茶一枝独秀的局面，中国茶业日渐兴旺。饮茶有益健康，但掌握正确的饮茶方式更是健康饮茶的前提和重点。正确的饮茶方式可以让人获取最大限度地茶叶功效成分，同时也更符合每个人的体质。

■ 凤冈茶园风光

一、慧眼识茶

我国产茶地域分布辽阔，南方各省和北方个别省市均产茶，像浙江这样的产茶大省，每个市都有自己的代表名茶，茶叶市场可谓是百花齐放。但市场上的茶叶品种、等级繁多，鱼龙混杂，不是专业人士很难辨别优劣。为了买到称心如意的好茶，这里给大家介绍几条通用的选购技巧。

1. 观外形

好的茶叶往往色泽鲜亮，红茶乌黑油润、绿茶翠绿鲜活、黑茶乌润有光。如果茶叶色泽暗而无光、色泽不一表明茶叶品质劣、加工技术不

■ 干茶审评

■ 涌溪火青

■ 凤冈珠茶

当，不建议购买。茶叶的整碎度也需要考量，匀整为好，断碎为次。另外，如绿茶则强调嫩度要好。嫩度好的绿茶口感鲜爽，从外形上看则表现为白毫显露、有锋苗。除了扁平型的茶如西湖龙井、六安瓜片等，很多茶通过揉捻制成了条索茶、颗粒茶，这时就要求条索或颗粒要紧实，如果外形松散，就不能说明是好茶。

2. 品茶汤

■ 品味茶汤

茶汤的颜色、香气、滋味都是衡量茶品质的重要因素，茶叶因发酵程度不同，茶汤的颜色也不尽相同。如绿茶为黄绿色、红茶红艳明亮，乌龙茶有的呈琥珀色、有的则呈金黄色。总的来说茶汤颜色应鲜亮、澄清，不浑浊。嗅香气也是一样，茶叶经过不同的加工方式形成特异的香气，如龙井茶的板栗香，红茶的焦糖香、番薯香，乌龙茶则香气极为丰富，蜜兰香、芝兰香、熟果香、奶香、肉桂香、黄枝香、杏仁香等，总的来说只要散发出的茶香是令人身心愉悦的，就可以算是好茶。闻过茶香后，茶汤的滋味也是需要考量的，有的茶醇和鲜爽，有的茶则粗淡有异味。由于茶的吸附性好，陈茶会有明显的陈味甚至霉味。简单地说，能让口腔润滑，充满回甘的为好茶。

3. 看叶底

茶冲泡后，叶子很快就会伸展开来的，条索松散，不耐泡的大多是粗老的茶叶。泡后茶叶条索紧实，缓慢舒展开的，茶汤浓郁耐泡的则嫩度较好。对于像龙井这样的扁平茶，则很容易观察到芽叶的情况，一芽一二叶表明原料嫩度高，若全是成熟叶片的则表明原料粗老，品饮起来也会比较淡。经过多次冲泡叶片仍不舒展的则为焙火失败的茶或是陈茶。

4. 关注安全认证

此外，除了最基本的茶叶感官辨别方法，国家各部门为了保障流入市场的茶产品的优质安全，近年来制定了相关的保障措施，实施和其他食品一样的生产许可“QS”认证。另外作为农产品还进行了包括无公害认证、绿色食品认证、有机食品认证、原产地认证等。

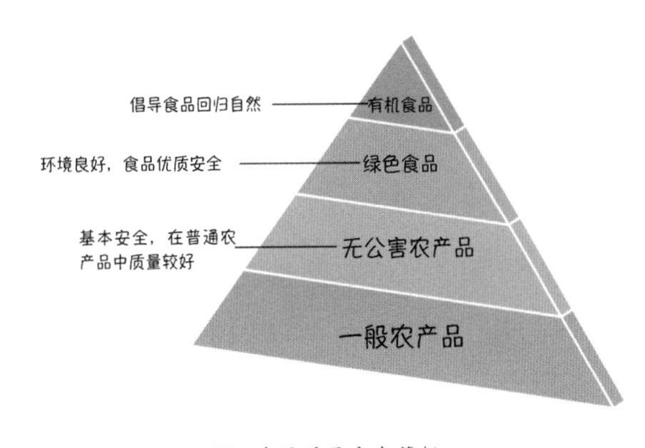

■ 食品质量安全等级

以下是纳入国家食品质量安全市场准入制度的食品 28 大类：

粮食加工品：小麦粉、大米、挂面、其他粮食加工品

食用油、油脂及其制品：食用植物油、食用油脂制品

调味品：酱油、食醋、味精、鸡精调味料、酱类、调味料产品

肉制品：肉制品（腌腊肉制品、酱卤肉制品、熏烧烤肉制品、熏煮香肠火腿制品、发酵肉制品）

乳制品：乳制品、乳粉、其他乳制品、婴幼儿配方乳粉

饮料：饮料（瓶、桶）装饮用水类、碳酸饮料（汽水）类、茶饮料类、果汁及蔬菜汁类、蛋白饮料类、固体饮料类、其他饮料类

方便食品

饼干

罐头

冷冻饮品

速冻食品

薯类和膨化食品

糖果制品（含巧克力及制品）

茶叶及相关制品：茶叶（茶叶、边销茶）、含茶制品和代用茶

酒类：白酒、葡萄酒及果酒、啤酒、黄酒、其他酒

蔬菜制品：酱腌菜、蔬菜干制品、食用菌制品、其他蔬菜制品

水果制品：蜜饯、水果制品

炒货食品及坚果制品：炒货食品及坚果制品

蛋制品

可可及焙烤咖啡产品：可可制品、焙炒咖啡

食糖：糖

水产制品：水产加工品、其他

淀粉及淀粉制品：淀粉及淀粉制品、淀粉糖

糕点：糕点（烘烤类糕点、油炸类糕点、蒸煮类糕点、熟粉类糕点、月饼）

豆制品

蜂产品

特殊膳食食品：婴幼儿及其他配方谷粉

其他食品

（1）生产许可“QS”认证

“QS”制度是食品质量安全市场准入制度的简称，国家质检总局自2002年下半年开始，对与人民群众生活密切相关的食品，存在较严重的质量安全问题的食品分期分批实施食品质量安全市场准入制度。目前已有28类食品实施这项制度，由国家质检总局以《食品质量安全监督管理重点产品目录》的方式公布。食品生产加工企业凡是生产属于“目录”内的产品，在出厂销售之前，必须加贴或加印食品市场准入标志，没有食品市场准入标志的食品不得出厂销售。

根据国家质量监督检验检疫总局《关于使用企业食品生产许可证标志有关事项的公告》（总局2010年第34号公告），企业食品生产许

可证标志以“企业食品生产许可”的拼音“Qiye-shipin Shengchanxuke”的缩写“QS”表示，并标注“生产许可”中文字样，与原有的英文缩写“QS”（Quality Safety 质量安全），表达意思有所不同。

■ 旧版样式

■ 新版样式

根据新《食品生产许可管理办法》规定，2018 年 10 月 1 日及以后生产的食品一律不得继续使用原包装和标签以及“QS”标志，取而代之的是有“SC”（ShengChan）标志的编码。“QS”的主要作用有 3 个方面：

一是表明该产品取得了食品生产许可证；

二是表明该产品经过了出厂检验；

三是企业明示该产品符合食品质量安全的基本要求。

（2）无公害农产品认证

无公害农产品认证执行的是无公害食品标准，认证的对象主要是百姓日常生活中离不开的“菜篮子”和“米袋子”产品。农业部于 2001 年提出了无公害农产品的概念。无公害农产品是指产地环境符合无公害农产品的生态环境质量，生产过程必须符合规定的农产品质量标准和规范，有毒有害物质残留量控制在安全质量允许范围内，安全质量指标符合《无公害农产品（食品）标准》的农、牧、渔产品（食用类，不包括深加工的食品）。经专门机构认定，许可使用无公害农产品标识的产品。这类产品生产过程中允许限量、限品种、限时间地使用人工合成的安全的化学农药、兽药、肥料、饲料添加剂等，它符合国家食品卫生标准，但比绿色食品标准要宽。无公害农产品是保证人们对食品质量安全最基本的需要，是最基本的市场准入条件，普通食品都应达到这一要求。2003年，全国实现了“统一标准、统一标志、统一程序、统一管理、统一监督”统一的无公害农产品认证。

（3）绿色食品认证

绿色食品，是指产自优良生态环境、按照绿色食品标准生产、实行全程质量控制并获得绿色食品标志使用权的安全、优质食用农产品及相关产品。绿色食品分为AA级和A级，因此其标识也略有不同。

■ 绿色食品标志

AA级绿色食品标志与字体为绿色，底色为白色。A级绿色食品标志与字体为白色，底色为绿色。其中，A级允许限量使用限定的化学合成物质，而AA级则禁止使用。A级和AA级同属绿色食品，除这两个级别的标识外，其他均为冒牌货。

（4）有机食品认证

有机食品通常来自于有机农业生产体系，根据国际有机农业生产要求和相应的标准生产加工的。有机茶叶是有机食品下面的一个分支，其认证需要同时符合以下三个条件：① 有机食品（茶叶）的原料必须来自有机农业的产品（有机产品）；②有机食品（茶叶）的原料是按照有机农业生产和有机食品加工标准而生产加工出来的食品（茶叶）。③加工出来的产品或食品（茶叶）必须经有机食品（茶叶）颁证组织进行质

■ 无公害农产品

■ 绿色食品

■ 有机产品认证标志

有机食品生产的基本要求：

生产基地在三年内未使用过农药、化肥等违禁物质；

种子或种苗来自自然界，未经基因工程技术改造过；

生产单位需建立长期的土地培肥、植保、作物轮作和畜禽养殖计划；

生产基地无水土流失及其他环境问题；

作物在收获、清洁、干燥、贮存和运输过程中未受化学物质的污染；

从常规种植向有机种植转换需两年以上转换期，新垦荒地例外；

生产全过程必须有完整的记录档案。

有机食品加工的基本要求：

原料必须是自己获得有机颁证的产品或野生无污染的天然产品；

已获得有机认证的原料在终产品中所占的比例不得少于 95%；

只使用天然的调料、色素和香料等辅助原料，不用人工合成的添加剂；

有机食品在生产、加工、贮存和运输过程中应避免化学物质的污染；

加工过程必须有完整的档案记录，包括相应的票据。

量检查，符合有机食品（茶叶）生产、加工标准，颁予证书的食品（茶叶）。

（5）原产地域产品和国家地理标志保护产品认证

原产地域产品指利用产自特定地域的原材料，依照传统工艺在特定地域生产，质量、特色或声誉在本质上取决于原产地域地理特征，并依照《原产地域产品保护规定》，经审查批准以原产地域进行命名的产品。

国家地理标志保护产品，是指产自特定地域，所具有的质量、声誉或其他特性本质上取决于该产地的自然因素和人文因素，经审核批准以地理名称进行命名的产品。地理标志产品包括：来自本地区的种植、养殖产品；原材料全部来自本地区或部分来自其他地区，并在本地区按照特定工艺生产和加工的产品。安溪铁观音、黄山毛峰、西湖龙井、凤冈富锌富硒茶、蒙山茶、凉山苦荞茶、松萝茶、太平猴魁、福鼎白茶、凤凰单丛茶、昌宁红茶、霍山黄芽、武夷岩茶、汉中仙毫、开化龙顶茶、狗牯脑茶、羊岩勾青茶、横县茉莉花茶、峨眉山竹叶青茶等 125 种茶均

■ 地理标志保护产品认证标志

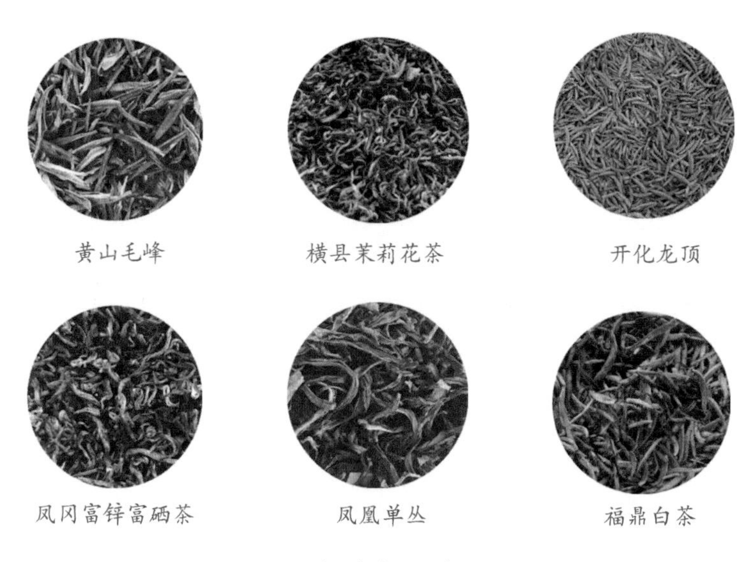

■ 地理标志认证茶叶

已获得国家地理标志保护商标。

原产地域保护认证和国家地理标志保护都可以有效防止假冒伪劣产品的销售。如普洱茶的地理标志保护区域就限定在包括云南普洱市、西双版纳州、临沧市、昆明市在内的11个州（市）及其行政区域。其他地区按照普洱茶加工方式制成的外形与其相似的茶不受普洱茶地理标志保护。西湖龙井也是一样，“西湖龙井”只有包括在西湖、转塘、双浦和留下乡镇（街道）内注册和加工的生产西湖龙井的企业和茶农，茶农以村（社）经济合作社或茶叶专业合作社才可以申请。其他生产龙井的区域都不可以使用西湖龙井的商标，浙江省内生产龙井茶形的区域众多，包括钱塘龙井（杭州周边富阳、临安、建德、淳安、萧山、滨江等地）和越州龙井（绍兴周边）。但他们只可将自己的产品称作“龙井”，如绍兴产的“大佛龙井”，不能为“西湖龙井”。

■ 受国家地理标志和原产地域认证的西湖龙井

因此在选茶过程中，除了考虑自己的经验与喜好，注意这些认证标识也是必需的。只有这样，才能切实维护作为消费者的利益与诉求，受到法律的保护，尤其是在电商日益发达的今天，重视安全认证既是对自己健康的负责，也是为维护良性市场竞争贡献自己的一份力量。

二、科学冲泡

当我们手捧那一味经历千锤百炼终炼成的幼嫩芽叶时，除了感动之外，更重要的是不辜负这天赐之物。那么如何才能泡出一杯好茶呢？泡茶最关键的不是姿势如何花枝招展，而是泡出一泡好喝的茶，将其内含成分以最优比释放出来。从舌尖、鼻翼到咽喉，再到全身，带来前所未有的舒畅与欢喜。正确泡茶讲究的除了茶与水的配比、泡茶水温和出汤时间、优质的饮用水，以及较为符合的茶器茶具，更重要的即为泡茶者当时的心境。如此一来，心沉了下去，所有的注意力都集中在这一撮茶上，才最有可能泡出一杯好喝的茶。

1. 茶水比

茶水的配比对于茶汤的浓淡和口感的厚薄起着主要作用。茶多水少，不仅茶叶难以泡开，而且滋味浓烈；若茶少水多，则滋味淡薄。因此把握合适的茶水比非常关键，研究表明，不同水量冲泡等量的茶（3克），其用水量和水浸出茶汤滋味的关系如下：

用水量（毫升）	200	150	100	50
投茶量（克）	3	3	3	3
茶汤滋味	淡	正常	浓	太浓

■ 不同茶水比泡茶的浓淡

基于科学实验，在对茶叶进行审评时，除了青茶，其余茶类均要求3克茶配150毫升水冲泡，即茶水比1:50。而青茶，这类重香味及耐泡次数的则多采用特制的钟形茶瓯（类似盖碗）进行审评，即投入茶样5克，110毫升水冲泡，茶水比例1:22。日常生活中，我们通常借鉴这一标准冲泡茶，即茶水比1:50，同时结合茶叶的老嫩综合分析。嫩茶、高档茶用量可少一点，粗茶则应多放一点，这是由于嫩芽叶中所含功效成分和呈味物质丰富，滋味也会重一些。乌龙茶侧重香气的把玩，因此通常可增加投茶量。条状乌龙茶的投茶量可使之达到茶壶容积的七八分满，比较紧实的半球形乌龙茶，投茶量则可以达到容积的四五分满。

■ 审评专用茶具

■ 乌龙茶审评专用钟形茶瓯

■ 茶叶审评室

2. 泡茶水温与时间

泡茶水温高，内含物质容易浸出，水温低，茶汁浸出速度慢，所以有“冷水泡茶慢慢浓”的说法。不同类型的茶由于原料品种、嫩度、加工方式等的不同其所需的泡茶水温和冲泡时间都不尽相同。

大体来说，大宗红茶、乌龙茶的采摘标准多为一芽二三叶，甚至更成熟，绿茶则多为纯芽头或一芽一叶。原料嫩度的不同使得茶叶的内含成分有很大的差异。例如茶多酚、咖啡因多集中于幼嫩芽叶中，因此如果采用过热的沸水冲泡绿茶会加速茶多酚、咖啡因的浸出，茶汤滋味苦涩，同时维生素遭到破坏。而随着芽叶成熟度的增强，多酚类物质减少，红茶和乌龙茶加工过程中还伴随着发酵的过程，使得茶多酚全部或部分氧化为刺激性较弱的茶黄素及茶红素，冲泡过程中茶黄素又会和茶红素、咖啡因络合形成“冷后浑”，使得茶汤中多酚类物质的实际含量相对较低，口感较为柔和，因此冲泡红茶多选用 90 ～ 95℃水，而绿茶由于原料细嫩则水温要求较低，80℃左右为宜。黑茶、乌龙茶原料待新梢即将成熟才会采摘，原料粗老，加之投茶量大，所以需用沸水进行冲泡。尤其是黑茶中的紧压茶，即使用沸水冲泡也很难快速将茶汁冲泡出来，需要先用茶针将其捣碎成松散状，再来冲泡，甚至需要用水煎煮才可。

若冲泡水温过低，茶叶则长时间漂浮在水面上，茶汤滋味淡，香气物质不易挥发，给饮茶带来不便。陆羽在《茶经·五之煮》中写道：“其沸，如鱼目，微有声，为一沸。缘边如涌泉连珠，为二沸。腾波鼓浪，为三沸。已上水老，不可食也”。评茶用水以沸水起泡为优，长时间的沸水会使得溶解于水中的氧气被驱逐出去，泡出的茶少了一分灵动，缺少新鲜滋味。这也就是我们常说的千滚水是不建议喝的。

此外，冲泡的时间也是有讲究的，普通红绿茶冲泡 2 ～ 3 分钟，乌龙茶由于投茶量大，第一泡可以 20 ～ 30 秒即出汤，从第二泡开始每泡时间可延长 10 秒。花茶为了保留其鲜灵度和花香，冲泡时间不宜过长，2 分钟左右即可。冲泡时间太短则内含物质未完全析出，滋味香气弱，时间太久则茶太浓，香味强烈。

总的来说，茶叶外形松散、细嫩的冲泡时间应缩短，水温相对较低；

外形紧实、原料粗老的冲泡时间应相对延长，水温也应该较高。此外，杯子的温度也会影响茶叶的口感，有研究发现冷的茶杯在开水冲下去后，水温会降低到 82.2℃，5 分钟后会降低到 67.7℃，而如果将杯烫热后，冲泡半分钟后水温只降到 88.8℃，5 分钟后降到 78.8℃，所以古人在泡茶前有温盏的习俗。乌龙茶和红茶香气丰富，冲泡时通常先将茶壶烫热，再投茶，以便其香味更好地释放。

此外，每一种茶的冲泡次数也是不一样的，大中叶种茶树由于内含物质较小叶种含量丰富，因此小叶种生产加工而成的大宗绿茶、红茶、白茶、黄茶大约 3 次就应及时换茶，大、中叶种制成的红茶、乌龙茶冲泡次数大约 3 ~ 6 次，有些乌龙茶甚至可以冲泡 9 ~ 10 次，这与其投茶量多，每次冲泡时间短也有一定关系。

然而无论是冲泡时间还是水温，都因个人口感而异，由茶决定。这里提供的只是一般标准，具体冲泡过程可依自己喜好调整。

■ 回旋斟水法（摄影　程刚）

3. 水质

好茶配好水，我国国土面积辽阔，水质差别很大。明代张大复《梅花草堂笔谈》中记载有：“茶性必发于水，八分之茶，遇十分之水，茶亦十分矣。八分之水，试十分之茶，茶只八分耳”。可见，好茶只有配合好水，才能把茶的精髓泡出。故历史上就有“龙井茶，虎跑水”“扬子江心水，蒙顶山上茶”之说。

水大体可以分为天然水和人工处理水两类。天然水又包括地表水和地下水，地表水包括江河湖海，含有较多的泥沙、盐类和细菌等。地下水包括井水、泉水等，溶有很多矿质元素，含盐量和硬度也较大。但由于流至地表时，地质层起到过滤作用，因此泥沙和细菌含量相对较少，水清亮。茶圣陆羽在其《茶经 · 五之煮》里写道：“其水用山水上、江水次、井水下”。可见，山泉水流经过程中经层层过滤，有机物含量少，矿物质含量多，但由于泡茶时会将泉水煮沸，可以起到软化的作用，同时山泉水中也含有较多的氧气，故为上品。因此古人将好水的五个特点总结为“清、活、轻、甘、洌”。

唐代张又新在《煎茶水记》写道：“陆羽所评泉水，庐山康王谷水帘水第一，无锡惠山寺石下水第二，蕲水兰溪石下水第三，峡洲扇子山有石突然，洩水独清冷，状如龟形，俗云蛤蟆口第四，苏州虎丘寺泉水第五，庐山招贤寺下横塘水第六，扬子江南零水第七”。同时，从古至今也流传下来了“天下十大名泉”说法，这指的是中国境内十大最负盛名的泉水。它们分别是：谷帘泉，惠山石泉，虎跑泉，陆羽泉，大明寺泉，招隐泉，白乳泉，洪崖瀑布，淮水源，龙池水。无论是陆羽先生评出来的七大名泉，还是“天下十大名泉”，都肯定了泉水作为泡茶用水的优良品质，也都是我国宝贵的地质资源，值得好好保护。

天下十大名泉：

谷帘泉：位于江西庐山，由茶圣陆羽最早认定为“天下第一泉”。

惠山石泉：位于江苏无锡。

虎跑泉：位于湖北黄冈浠水县兰溪口。

陆羽泉：位于江西上饶广教寺内。

大明寺泉：位于江苏扬州大明寺。

招隐泉：位于江西庐山观音桥，招隐泉的名字与唐代茶圣陆羽紧密相联。“招隐”二字的来历相传有二，一是陆羽曾隐居浙江苕溪，人称“苕隐”，由此演变为“招隐”；另一种说法是由当时的大官吏李季卿慕名召见隐居在此的陆羽而来，因“召”与“招”同音，故人将此泉称作招隐泉。招隐泉旁旧有陆羽亭，曾是陆羽隐居煮茶的地方。据传，陆羽在此反复品评，遂将此泉定为“天下第六泉”。

白乳泉：位于安徽蚌埠荆山。

洪崖瀑布：位于江西南昌市湾里区梅岭国家森林公园古洪崖丹井处。

淮水源：位于河南桐柏山北麓。

龙池水：位于江西庐山天池峰顶水。

■ 不同水质对茶汤色泽的影响

泡茶用水要求清洁，无异味，水的硬度不应超过8.5℃，pH在6.5左右，不含有肉眼所能看到的悬浮微粒，不含有腐败的有机物和有害的微生物，其他矿物质元素含量均要符合我国“生活饮用水卫生标准GB5749—2006”的要求。

泡茶最好使用软水，硬水直接泡茶会使茶汤发暗，滋味发涩，不利于茶中功能性成分的析出。如硬水中的钙会和茶中的多酚类物质结合，在红茶冲泡过程中尤其明显。钙、镁离子会和茶黄素、茶红素结合，影响茶的保健功能的发挥。同时硬水也会影响水的pH，当pH超过7时，茶黄素、茶红素自动氧化，汤色变暗。随着硬度的升高，氨基酸、咖啡因等影响茶汤滋味的物质溶出率也会降低，因此泡茶还是选用软水较好。硬水软化最简单的方法就是煮沸，使可溶性钙、镁形成沉淀，如果硬水不煮沸直接喝，长期饮用会对肾脏造成压力。

一般来说，我国北方硬水较多，南方以软水为主。那么日常生活中我们应如何鉴别硬水和软水呢？简单来说，烧水过程中壶壁上残留有较多水垢的是硬水，这些水垢即是水中可溶性钙镁物质经加热转化为不溶性物质形成的，水垢越多，表明水质越硬。第二种方法是将肥皂水倒入热水中，轻轻搅拌，水面出现泡沫的是软水，出现浮渣的则为硬水。

4. 泡茶器具选择

随着时代的发展，泡茶器具的选择越来越多，琳琅满目，令人眼花缭乱。陆羽《茶经·四之器》中列举了20多种茶具的名称，并描绘了其结构和用途，是我国关于茶具全面翔实的最早记录。茶具的材质包括紫砂、瓷质、玻璃、金属、竹木等，种类繁多。

（1）瓷质茶具

瓷质茶具在茶具中占有很大比例，基本分为青瓷、白瓷、黑瓷和彩瓷。白瓷茶具出现较早，宋代时期由于人们好饮绿茶，白瓷一度兴盛。白瓷茶具可以很好地反映出茶汤的色泽，适合冲泡各类茶叶。唐朝时，河北邢窑出产的白瓷茶具“天下无贵贱通用之”。现在人们通常选用“白如玉，明如镜，薄如纸，声如磬”的白瓷茶具冲泡红茶，使红茶的汤色显得更加红艳明亮。

青瓷茶具发源于东汉时期的浙江，五大官窑除定窑外，均有青瓷生产。青瓷质地饱满，玉质感强，其生产曾在宋元时期达到鼎盛，现今世界许多博物馆藏有龙泉青瓷。黑瓷在宋代逐渐兴盛，这与宋代斗茶的评判标准密切相关，斗茶效果主要看茶面汤花的色泽和均匀度，以茶色白为贵，二是看汤花与茶盏接缝处水痕的明显程度和出现的迟早，以“盏无水痕”为上。因此黑瓷茶具可以很好的验证斗茶的水平。宋代祝穆在其《方舆胜揽》中写道：“茶色白，入黑盏，其痕易验”。蔡襄在其《茶录》中也写道：“视其面色鲜白，著盏无水痕为绝佳；建安斗试，以水痕先者为负，耐久者为胜”。黑瓷和青瓷均以氧化铁作为着色剂，但黑瓷釉料中三氧化二铁含量在5%以上。福建建窑生产的黑瓷由于含铁量高，烧制过程中大量氧化铁结晶析出，形成免毫纹、油滴纹和曜变纹等不同样式。一旦茶汤入盏，可以折射出五彩斑斓的点点光辉，非常有特色。

彩瓷中则以青花瓷最为有名，青花瓷茶具以氧化钴作为着色剂，在

■ 各式茶具

明 剔犀漆盏托

明万历 青花折枝花纹提梁壶

清 粉彩折枝花卉纹梨式壶

元 钧窑大碗

清康熙 米黄地五彩花鸟纹盏托

清康熙 青花花蝶纹铃铛杯

唐 白釉煮茶器

宋 建窑黑釉兔毫盏

■ 茶具欣赏（图片来源：中国茶叶博物馆）

胎上直接描绘图案，之后涂上一层透明釉，经高温烧制而成，古人将“黑、蓝、青、绿”均定义为“青色”。因此，“青花”并非仅仅指的是青色描绘出的图案。一直到元代中后期，青花瓷才开始批量生产，江西景德镇也逐渐成为青花瓷的主产地。

(2) 紫砂茶具

紫砂茶具也始于宋代，北宋著名诗人梅尧臣的“小石冷泉留早味，紫泥新品泛春华”，讲的就是用紫砂陶壶烹茶。通过千百年来喝茶的体验，人们发现，用紫砂壶泡茶，更能彰显茶味的醇厚。

■ 艺术紫砂壶

宜兴所产紫砂壶最为有名，紫砂茶具选用特殊的紫金泥烧制而成。由于这种泥含铁量大，具有良好的可塑性，造型多变，风格多样。紫砂茶壶内外均不施釉，保留有泥土微小的气孔，内壁较粗糙，香气不会过早的消散。因此紫砂壶泡出来的茶香气更浓，滋味更加醇和，具有“泡茶不走味，贮茶不变色，盛暑不易馊”的优良特性。

使用紫砂茶壶很有讲究，一把新烧制的紫砂壶光泽暗淡，通常用过一段时间以后光泽才会渐渐显现。民间在正式使用前，有为紫砂壶“开壶”的仪式。即将刚买回来的紫砂壶先用沸水里外冲刷，除去灰尘，之后放水中煮约 2 ~ 3 小时，将壶的土气和火气去掉，最后再选用自己喜欢的茶叶放入壶内再煮 1 ～ 2 小时即可。由于紫砂壶独特的吸附性，建议通常一把壶泡一种茶，以防止串味。平时喝茶的时候，可以多用养壶笔扫刷壶外壁。这是因为泡茶时壶内温度很高，壶身的小孔渐渐张开，此时若用沾有冷水的扫壶笔轻轻刷壶身，内热外冷，茶油即会从里渗到壶的表面，形成光亮的外壁，同时也可以里外均沾茶香。乌龙茶、普洱茶冲泡过程需要保香、不走味，水温要求高，因此多选用紫砂茶具作为冲泡器皿。

（3）玻璃茶具

玻璃茶具，古代称为琉璃茶具，是由矿物质经高温烧制而成。玻璃茶具晶莹透明，可以很好地反映茶汤的颜色，唐朝时就开始生产。由于加工技术限制，一直到清代，琉璃茶具始终身价名贵，数量稀少。近代以来，伴随玻璃工业的快速发展，玻璃茶具开始批量规模生产，玻璃茶具质地透明，价格低廉，携带轻盈，尤其受到年轻人的喜爱。但玻璃茶具由于壁薄，传热性好，因此使用过程中应当心被烫伤。

冲泡绿茶为了尽可能地观其色、观其形，一般会选用敞口玻璃杯或盖碗进行冲泡，西湖龙井、碧螺春等细嫩绿茶冲泡时，可在一旁观看到其幼嫩芽叶在杯中慢慢舒展开来的全过程。特别是一些银针类茶叶，冲泡后芽尖冲向水面，悬空直立，然后徐徐下沉，如春笋出土般亭亭玉立。上好的君山银针，可三起三落，甚是美妙。

（4）其他茶具

另外还有竹木茶具和漆器茶具，二者不仅具有实用价值，而且观赏价值也很好。但由于漆器茶具制作复杂，竹制茶具不能长时期使用，无法长久保存，因此多数人购置，多为摆设和收藏。

明代许次纾在《茶疏》中写道："茶滋于水，水藉乎器，汤成于火，四者相须，缺一则废"。可见，一碗好茶，既离不开好水，当然也离不开合适的茶具和加热的工具。

5. 泡茶者的心境

泡得一壶好茶除了外在的水、器、火等必备品，泡茶人此时的心境也是格外重要的。喝茶可使人镇静安神，有人泡茶前先沐浴更衣，调整心态，这不是夸大茶的重要性，而是为泡茶做好充分的心理准备。又有人泡茶过程中要求配以舒缓优美的音乐，焚香插花，营造一种超凡脱俗的意境。人的心情与周围的环境关系很大，极易受环境影响。现代生活的快节奏也使得坐下来，静静地泡上一壶茶，不受周遭打扰变得难上加难。近几年，伴随茶道的兴起，花道、香道等也随之火热了起来。可见，为泡茶营造一个安谧祥和的氛围对于泡茶者的心境会起到积极的作用。安安静静地泡一壶茶和嘈杂的环境中随意勾兑出的茶的滋味一定是不一样的。

■ 营造良好的泡茶氛围

6. 冷泡与热泡

自古以来，提到泡茶，热水都是必不可少的。热水泡茶可以很快就将茶叶中的内含成分析出。近几年随着对茶叶研究的不断深入和欧美生活方式的传播，冷泡茶逐渐兴起，并日益被年轻人所喜爱。冷泡茶顾名思义，就是用冷水泡茶，夏天尤其适合。热水可以使茶叶的细胞膜破坏，促进内含物质的溶出，冷水同样也可以，但是效率会较热水低很多。因此可以将冷水泡的茶连同茶包一起放在冰箱冷藏室或冰窖里，就可以加速其细胞膜损伤，促进茶汁快速溶出。

三、巧妙存储

茶叶从生产到销售具有很长的周期，而且茶叶本身吸湿吸味性强，因此茶叶的存储具有非常大的讲究。温度、湿度、光线、灰尘等都会对其品质产生影响。储存不当的茶叶会在短时期内失去风味，对于幼嫩的绿茶尤其如此。

茶鲜叶叶片细胞中含有大量的水分和内含物质，十分饱满，经过初制加工以后，尤其是揉捻和干燥，叶片细胞失水损伤，萎缩的细胞孔隙和间隙暴露出来，构成茶叶巨大的内表面，结构十分疏松。因此，茶叶特别容易吸附其他物品的味道，储存过程中，应避免将茶叶和其他有味道的物品放在一起，以免串味，影响茶叶品质。不同的茶叶由于鲜叶老嫩度和加工方法不同，其吸附能力也有所差异。通常而言，嫩叶由于内含物质丰富，细胞组织松散，因此表面积更大，故用芽头制成的高级茶较粗老叶片制成的低档茶吸附性更强。炒青类茶叶在加工过程中经过长时间摩炒，条索紧结，而烘青则由于加工过程相对柔和，不经锅炒，相对松散其吸附性较炒青茶叶强。我们常喝到的如茉莉花茶，就是利用烘青茶叶良好的吸附特性制成的，茶叶经过与鲜花拌和，吸取鲜花的香气，形成具有花香的花茶。

茶叶的吸附作用具有热力学的理论基础，热力学认为任何固体表面分子（或原子）的引力总是不平衡的，存在着表面张力和较高的自由能，具有自发降低其能量的趋势。当固体表面和气体或液体接触时，便能将气体或液体中某些成分聚集到固体表面上来，即发生吸附现象。用于窨制花茶的茶叶，要求含水率在 5% 以下，超过 20% 含水率的茶叶则不具有吸附特性。茶叶加工的最后一道工序是烘焙，烘焙通过加温使得茶叶中水分蒸发，维持在一个合适的范围。

日常生活中，我们会发现茶叶存储不当会对其品质造成很大影响，品质不佳又会影响价格。因此存储过程中首先就要减少湿度对茶叶的影响。茶叶存储中通常用相对湿度来反映湿度状况，相对湿度是指一定的温度条件下空气中水汽压与饱和水汽压的百分比。相对湿度越大，说明环境越潮湿，茶叶就容易发生霉变。茶叶的储藏方式很多，包括抽真空、充氮气、专用冷藏库、石灰坛、变色硅胶、木炭等。我们家庭最方便、最常规的方法是将茶叶封好放入冰箱的冷藏室中，储藏温度在 5°C 左右。温度高则会使得茶进一步发生氧化，起不到冷藏的作用。此外，不要将茶叶放入冷冻室，这是由于成品茶的水分大约在 6% ～ 7%，高者可达 10% 以上。因此零度以下，茶叶就会结冰，而冷冻室的温度约在零下 20°C 左右，当从冰箱中取出后，温度突然升高，冰晶融化使得叶片细胞受损，茶叶品质下降。用石灰、木炭、硅胶可用于贮茶，主要是基于三者具有较好的干燥作用，可作为干燥剂使用。用它们保存茶叶时，首先将散茶用牛皮纸包好并捆牢，放置在坛或筒的四周。之后在中间放置袋装的干燥剂，然后可再放几包茶叶，后用牛皮纸或棉花封住坛口，盖紧盖子。生石灰和木炭一般过一两个月需要更换一次，变色硅胶防潮效果较好，大约半年之后可以考虑更换。变色硅胶未吸潮时多为蓝色的，当变为粉红色时，表明已吸水达到饱和，需要通过晒干或烘干将其恢复原来的颜色，即可反复使用。所以，茶叶储藏，重点强调密封、避光、防异味这三点。另外，茶叶加工企业由于存货量大，灰尘也需要实时监控，过多的灰尘遇明火容易发生爆炸，对于茶叶存储十分危险。

四、饮出健康

1. 因时选茶

所谓“因时选茶”即指春夏秋冬四个季节需要根据时令的不同选取不同的茶来品饮。“春饮花茶理郁气，夏饮绿茶驱暑湿，秋品乌龙解燥热，冬日红茶暖脾胃”简洁凝练地概括了如何因时选茶。“顺四时而适寒暑”，根据四季变化选择合适的茶就能做到科学饮茶，达到最佳的养生保健效果。

（1）春季

春季阳气生发，万物复苏，人也是如此，但由于季节交替，这时人们时常感到困倦乏力。要缓解“春困”给人带来的影响，多喝花茶效果好。“嫩茶窨香花，芬芳人人夸”，制作花茶过程中，通过数次花与茶的相遇，茶吸附了花的香气，花促茶香。因此我们通常用“鲜灵度”来描述花茶的等级。

明代程荣在其《茶谱》中对花茶的制法有十分详细的描述，“木樨、茉莉、玫瑰、蔷薇、蕙兰、桔花、栀子、木香、梅花皆可作茶，诸花开放，摘其半含半放，蕊之香气全者，量其茶叶多少，扎花为拌”“莲花茶于日未出时，将半含莲花拨开，放细茶一撮，纳满花蕊中，以麻皮略扎，令其经宿，次早摘花，倾出茶叶，用纸包茶焙干。再如前法，又将茶叶入别蕊中，如此者数次，取其焙干收用，不胜香美”。

茉莉花茶——茉莉花茶产量最大，约占花茶总产量的70%～80%。茉莉花性凉，茉莉酮是茉莉花香的主要成分，具有降血压、预防心脑血管疾病等功效，常饮茉莉花茶可以清热解毒、利尿、健脾理气。

玫瑰花茶——玫瑰花茶在《本草正义》中被称为“香气最浓，清而不浊，和而不猛，柔肝醒胃，疏气活血”。玫瑰花性温、味甘、微苦，能活血理气，调节月经，女性饮用尤为适合。

桂花茶——桂花香气明显，略带甜意，性温；桂花茶可止咳化痰、缓解牙痛、咽干、口臭、开胃的功效。

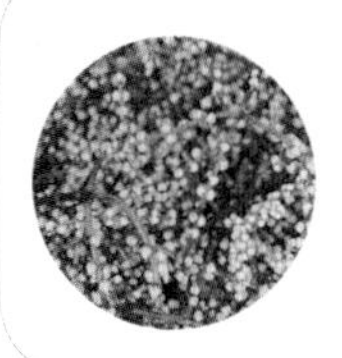

珠兰花茶——珠兰花性温，幽香浓郁，对于风湿、腹胀、感冒都有一定的改善作用。

玳玳花茶——玳玳花茶香味较清淡，味辛酸，具有疏肝理气、止痛、缓解胸腹胀满的作用。

■ 各类花茶

新中国成立以后，花茶有了很大的发展，产区不断扩大，产量迅猛增加，尤其北方人民对花茶极为喜爱。目前广西横县凭借其种植茶用鲜花的自然优势，已成为我国最大的茉莉花茶生产基地。花茶浓郁芬芳的香气可以散发整个冬季人体内郁结的寒气，促进阳气的生发。

（2）夏季

夏季骄阳似火，暑为阳邪常使人体力透支，精神不振。此时宜饮绿茶，绿茶属于未发酵茶，性寒，可以起到清热解毒，止渴生津的作用。又绿茶中茶多酚含量高，消炎杀菌活性强，对缓解因上火引起的口腔溃疡也有一定的加速愈合的作用。

（3）秋季

秋天天高气爽，秋风萧瑟，常给人以干燥的感觉，嘴唇皮肤开始干裂。中医将这种现象称之为“秋燥”，故润秋燥是秋季养生的核心。秋季宜饮青茶，即乌龙茶，乌龙茶属于半发酵茶，介于红、绿茶之间。既有绿茶的鲜爽甘甜，又有红茶的浓醇丝滑，同时由于品种的独特性和加工过程中特殊的“摇青”工艺，使得乌龙茶的香气极为丰富，令人神清气爽，可以清除体内积热，让机体适应季节变化的作用。

（4）冬季

冬日，天寒地冻，万物蛰伏，人体阳气衰退，对能量和营养要求较高。冬季重在防寒保暖，提高抵抗力。红茶性温，其中具有刺激性的茶多酚很大程度上转化为了茶黄素、茶红素等氧化产物，收敛性大大降低。同时观其汤色红艳明亮，也能给人以温暖的感觉。

2. 因人选茶

李时珍《本草纲目》中记载：“茶，味苦，甘，微寒，无毒，归经，入心、肝、脾、肺、肾脏。阴中之阳，可升可降”。表明茶本性微寒，

六大茶类性质不同

六大茶类茶叶本身有寒凉和温和之分：

绿茶属不发酵茶，富含茶多酚、叶绿素、维生素C，性凉而微寒。

白茶属微发酵茶，性凉，但民间有“绿茶的陈茶是草，白茶的陈茶是宝”的说法，陈放的白茶有去邪扶正的功效。

黄茶属部分发酵茶，性凉。

青茶（乌龙茶）属于半发酵茶，性平，不寒亦不热，属中性茶。

红茶属全发酵茶，性温。

黑茶属后发酵茶，茶性温和，滋味醇厚回甘，刺激性不强。

大红袍

阿里山茶

金萱

然而进入人体后，因为体质的不同，其所起的作用是不同的，即可使阳气上升，也可使阳气减弱。

因人选茶这一理论主要是基于每个人体质的不同，每种茶的茶性也不尽相同而提出的。很多人拒绝喝茶的理由是曾经有过喝茶拉肚子的经历，因此他们宁愿喝白水，也不愿喝茶，这其实就是典型的喝错茶的例子。

简单来说，日常生活中我们常见有些人手脚冰凉，面色苍白，女生还多有痛经的症状，就是典型的“寒体质”。而有些人则产热较多，容易口干舌燥，喜欢喝冷饮，这就是“热体质”。无论是“寒体质”还是“热体质”，喝茶都是有讲究的，选错茶都会让身体难受。

中医将“体质”定义为“由先天遗传和后天获得所形成的，人类个体在形态结构和功能活动方面所固有的、相对稳定的特性”。个体体质

错误喝茶造成的不良后果

——某些人喝绿茶就一个劲要上厕所，泻得很厉害：体质寒，受不了茶多酚对胃的刺激，却又喝了含茶多酚较多的绿茶，或对咖啡因比较敏感。

——某些人一年四季菊花茶不离口，但喉痛却久久不愈：菊花茶本就寒性，喉痛也是由于寒凉造成的，结果越喝越严重。

——有人喝茶后会出现便秘：咖啡因具有利尿的作用，加速体内水分的排出，肠道内比较干燥，也有可能是由于饮茶过多，冲淡了胃液，影响消化。

——有人喝茶后饥饿感很严重：咖啡因会促进胃酸的分泌，加重饥饿感。

——有人喝茶会整夜睡不着：对咖啡因过于敏感，咖啡因具有兴奋作用。

——有人喝茶后血压会上升：咖啡因具有强心利尿的作用，敏感的人会出现心跳加快、心慌的感觉，引发血压上升。

——还有人喝茶会像喝醉酒一样：这即所谓的"茶醉"现象，多半由于空腹喝茶，咖啡因被吸收进入血液，就会出现人头昏、头痛、神经兴奋，甚至出现肌肉震颤、心律紊乱、惊厥抽搐等现象。

内火比较旺盛的人夏季上火得厉害，还坚持喝红茶，那无疑火上加油！

寒凉体质的人平时吃点生冷的就不舒服，还坚持冬天喝绿茶，那无疑雪上加霜！

的不同，表现为在生理状态下对外界刺激的反应和适应上的某些差异性，以及发病过程中对某些致病因子的易感性和疾病发展的倾向性。所以了解自己的体质对于指导饮茶具有十分重要的意义。

2009年，中华中医药学会发布了《中医体质分类与判定》的标准，认为大致有9种基本类型的体质，包括平和质、气虚质、阳虚质、阴虚质、痰湿质、湿热质、血瘀质、气郁质、特禀质。

食物也同样具有一定的寒热性质，包括寒、热、温、冷。都是指食物进入体内所产生的作用，比如热性水果就是指糖分高、热量大的水果，人吃下去就容易上火，像一些热带水果就属于热性水果。相反寒性水果则是指糖分少、热量小的水果，吃多了就会感觉越来越冷。

同样，茶也分为不同的性质，主要是加工过程的不同造成的。广义

不同体质类型的体质特征

体质类型	体质特征
平和质	面色红润有光泽，精力旺盛
气虚质	容易疲劳，稍微活动气喘吁吁，免疫力低下，易感冒，感觉气不足
阳虚质	阳气不足，手脚冰凉，害怕寒冷，容易大便稀溏
阴虚质	容易口干舌燥，手脚心发热，眼睛干涩，大便干结，内火旺，面颊潮红
血瘀质	面色暗淡，眼睛有血丝，牙龈出血，易现瘀斑，性情急躁
痰湿质	腹部有赘肉，容易出汗、出油，舌苔较厚，嗓子有痰，眼睛浮肿，体形肥胖
湿热质	脸上易生粉刺，皮肤瘙痒，常感到口苦、口臭
气郁质	多愁善感，体形消瘦，常感到乳房及两肋部胀痛
特禀质	过敏体质，常鼻塞、打喷嚏、对多种因素过敏

上来说，红茶、黑茶性温，乌龙茶性平，绿茶、白茶、黄茶性寒。但由于具体加工工艺的不同，黑茶中的生茶本质上为晒青毛茶，即为绿茶，因此刚制成的生饼寒性也较重，贮存几年后，伴随物质的氧化，喝起来也会相对温和。乌龙茶品类丰富，闽北乌龙由于火功明显，烘焙强烈，性质也偏温和，闽南乌龙和凤凰单丛类的茶叶则发酵较轻，同时烘焙略轻，因此性质偏寒。所以喝茶拉肚子的人群很大程度都是由于选错茶造成的，如本身是寒性体质，却和别人一样，喜欢喝新下来的绿茶，结果易造成腹泻，长期饮用会使得体质更寒。

那么，如何才能知道自己具体是哪一种体质呢？这里我们向大家推荐几个可以方便快速测定自己体质的网站：

这些网站通过你对自己最近三个月身体情况回答，对你的体质进行分析，得出相对应的体质类型，并给出注意事项和建议。

所以，建议大家先根据自己的体质分析情况，再确定自己适合喝哪一种茶。中医讲究阴阳调和，即热性体质的人应多饮凉性茶，而寒性体质的人则应多饮温性茶。

不同茶类的茶性不同

凉性	中性	温性
绿茶　白茶　黄茶	红茶	黑茶
轻发酵乌龙茶（文山包种等） 黑茶（生茶）	中发酵乌龙茶 （凤凰单丛等）	重发酵乌龙茶（白毫乌龙等） 重烘焙乌龙茶（武夷岩茶等） 红茶 黑茶（熟茶）

除了根据体质选茶，有的时候同样是茶，我们喝绿茶不会太想上厕所，反倒是喝乌龙茶上厕所的频率增加，也有的人是喝白茶想上厕所，这也是因人而异，可能是某类人对某类茶比较敏感，导致该茶在体内代谢加快造成的。因此，可以说最适合自己身体的茶才是最好的茶。

体质测试网站

- 活法儿体质测试 http://www.huofar.com
- 中国好中医体质测试 http://www.zghzyw.com
- 39健康自测 http://test.39.net/test
- 美食节体质测试 http://tizhi.meishi.cc

活法儿 体质测试

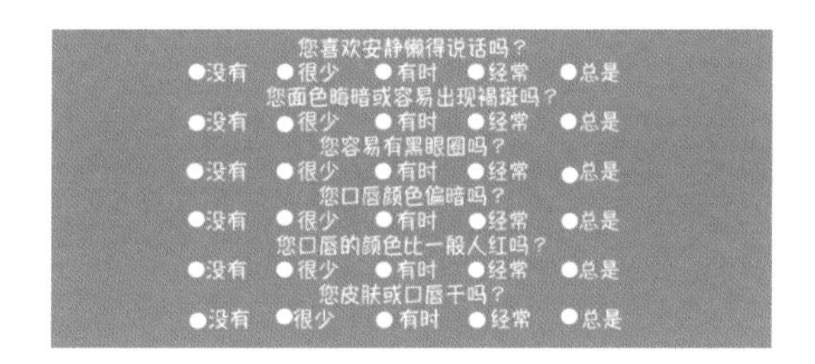

不同类型体质的人适合喝的茶

体质类型	喝茶建议
平和质	各种茶类均可
气虚质	普洱熟茶、乌龙茶、富含氨基酸如安吉白茶、低咖啡因茶
阳虚质	红茶，黑茶，重发酵、烘焙乌龙茶，少饮绿茶、黄茶，不饮苦丁茶
阴虚质	绿茶、黄茶、白茶、苦丁茶，轻发酵乌龙茶，不饮红茶、黑茶、重发酵乌龙茶
血瘀质	多喝各类茶，可浓些
痰湿质	多喝各类茶
湿热质	绿茶、黄茶、白茶、苦丁茶、轻发酵乌龙茶，不饮红茶、黑茶、中发酵乌龙茶
气郁质	富含氨基酸如安吉白茶、低咖啡因茶，各种花茶
特禀质	低咖啡因茶，不喝浓茶

判断茶叶是否适合自己，不妨尝试后看身体是否出现不适症状，这主要表现在两方面：
其一是肠胃是否耐受，饮茶后是否会容易出现腹（胃）痛、大便稀烂等；
其二是如果尝试某种茶叶后感觉对身体有益，则可继续饮用，反之则应停止。

不同人群适宜的茶类

适应人群	茶类	适应理由
电脑工作者	绿茶、茶多酚片	抗辐射
脑力劳动者、驾驶员、运动员、歌唱家	绿茶、茶多酚片	提高大脑灵敏程度，保持头脑清醒
运动量小、易于肥胖的职业	绿茶、普洱生茶、乌龙茶、茶多酚片	去油腻
经常接触有毒物质的职业	绿茶、普洱茶、茶多酚片	保健效果佳
工作需接触辐射的职业	绿茶，茶多酚片	抗辐射
吸烟者和被动吸烟者	各种茶类，茶多酚片	解烟毒

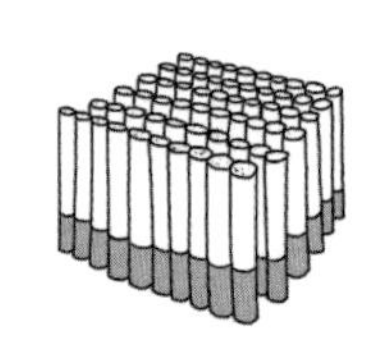

3. 其他

茶，吸天地之精华，汲日月之灵气，成为人人喜爱的保健饮料。基本上所有的人都可以选到适合自己体质的茶，并通过饮茶达到强身健体的作用。然而，也正是由于身体对茶中这些功效成分反应明显，使得我们有时需要对饮茶的种类和浓淡进行调整，尤其是一些特殊时期，甚至需要暂停饮茶。以下，比较系统地为大家介绍一些饮茶的注意事项。

（1）什么人群适宜饮茶？

茶作为千百年来人们喜爱的饮品，富含多种功能性物质，而且袭人的香气也是人们选择它的原因，可以说所有人都适宜饮茶。前面已经介绍了只要根据自己的体质选择正确的茶进行饮用，就会对健康起到增效的作用。

现代生活中，人们的生活越来越离不开电子产品，手机、电脑、电视等从我们起床之时到入睡一直伴随在身边，这同时带来了巨大的辐射。茶多酚及其氧化产物均具有良好的抗氧化活性，喝茶尤其适合现代生活中的年轻一代。

同样，年长者为了减少患老年退行疾病的风险也宜多饮茶。此外，出大汗后宜饮茶，这时茶能很快补充人体所需的水分，降低血液浓度，加速排泄体内废物，减轻肌肉酸痛，逐步消除疲劳。

吃油腻食物后宜饮茶，茶汁会和脂肪类食物形成乳浊液，有利于加快排入肠道,使胃部舒畅。如果为了“消脂”而喝茶，茶可以适当泡浓一点。

吃太咸的食物后也宜饮茶。吃得太咸会导致食盐摄入过量，易造成血压上升，应尽快饮茶利尿，排出盐分。有的腌制品甚至含有大量的硝酸盐，摄入后在体内形成致癌物，这时更应尽快饮茶。

（2）什么时期不宜饮茶？

虽然茶对于所有人都有好处，但的确存在一些阶段不适宜饮茶，尤其是女性。经期、孕期、哺乳期三大阶段最好少饮茶。

行经期不宜饮茶，经期大量经血排出体外，所以应补充大量的含铁食物。但是茶多酚会影响食物中铁离子的吸收，使身体更加虚弱。

孕期妇女不宜饮茶，茶叶中大量的咖啡因会使得心率加速，加重器官负担，不利于胎儿的发育。

哺乳期妇女不宜饮茶，茶中的咖啡因会通过乳汁进入婴儿体内，影响婴儿睡眠和机体功能，引起少眠和多啼哭。

空腹不宜饮茶，咖啡因对于胃肠道会有一定的刺激作用，提高胃液分泌量，使得机体容易饿，同时这也是茶点伴随饮茶诞生的原因之一。空腹饮茶过多会冲淡胃酸，影响消化，引起心慌、头晕、胃痛、眼花等一系列症状，通常称之为“茶醉”。民间有俗语，曰：“空腹饮茶，正如强盗入穷家，搜枯”。

餐后不宜马上饮茶，进餐后茶多酚会影响人体对钙、镁、铁等离子的吸收。茶也不要和牛奶同时服用，茶多酚不仅会和金属离子络合，也会和蛋白质络合，形成不溶性物质排出体外，阻碍了营养物质的吸收，故饭前饭后 1 个小时之内不要喝茶。

睡前不宜饮茶，茶中的咖啡因会引人兴奋，可能影响睡眠，重者会导致失眠，严重影响次日精神状态。患有甲亢、结核病、神经衰弱的病人，也不建议饮茶，这些病人本来就不容易入睡，若再饮茶，只会更加难以入眠。有些人对咖啡因极为敏感，这类人群建议下午开始就不要饮茶。

酒醉后不宜饮茶。原因主要是基于两方面，一是茶中的咖啡因具有强心利尿的作用，酒中的乙醇对人体也会有一定的兴奋作用，这就是常说的“酒精中毒”。有的人喝酒本身就会心跳加速，兴奋，再加上喝茶，就会更兴奋。另外，咖啡因的利尿作用会促进乙醇代谢生成的中间产物乙醛过早进入肾脏，乙醛具有毒性，对肾脏具有刺激作用，影响肾功能，经常酒醉后饮浓茶会导致肾病。为了解酒，可以服用不含咖啡因的茶多酚片。

泌尿系统患有结石的病人也不宜饮茶，因为茶中含有草酸，草酸会和食物中的钙离子结合生成草酸钙，草酸钙是体内结石的主要组成成分。

（3）饮浓茶还是淡茶？

虽然泡茶的浓淡与个人的口感喜好密切相关，但对于一些特殊情况，饮浓茶还是淡茶还是有一定的讲究。

腹泻时宜饮浓茶。腹泻使人体内的水分大量流失，虚脱，饮浓茶可以刺激胃黏膜，对水分的吸收比单纯喝开水要快得多，可以迅速补充水分。同时浓茶中茶多酚含量高，可以起到杀菌消炎的作用。然而具有胃、肠溃疡的人群则不建议饮浓茶，咖啡因是溃疡病的致病因子之一，同时茶多酚也会刺激胃黏膜。

早晨起床后宜饮淡茶。经过一晚上的新陈代谢，体内水分大量流失，血液浓度增高，饮淡茶水可以补充水分，稀释血液，也可以防止刺激胃黏膜。

有心血管疾病的人群一定不要饮浓茶。浓茶兴奋作用强，会对心血管、神经系统造成伤害，造成心率失调，心跳过速，加重病情。

骨质疏松患者不宜饮浓茶。浓茶中高浓度的茶多酚会抑制肠道内钙的吸收，同时咖啡因会加速尿中钙的排出，加重骨质疏松，所以喜欢饮浓茶的老年人尤其需要注意钙的补充。

一日饮茶有差异

时间	推荐茶	饮茶益处
清晨空腹	淡茶	稀释血液，降低血压
早餐之后	绿茶	提神醒脑，抗辐射，上班一族最适用
午餐饱腹	乌龙茶	消食去腻，清新口气，提神醒脑
午后	红茶	调理肠胃，若感觉空腹，可配以茶点
晚餐之后	黑茶	消食去腻，舒缓神经，镇静安神

（4）忌喝隔夜茶

隔夜茶一般分为两种，一是前一天晚上泡的茶，放一晚上，第二天早上再喝，这是不提倡的。因为茶水放一晚上，尤其是天热的时候，一些肉眼难以看到的微生物就已经存在于茶汤里了，而且茶里面的有益成分，如维生素等也都已经损失掉了。泡茶泡的太久，茶里面存在重金属和农残慢慢也会析出。有的时候，泡的茶忘记掉了，过了四五天，就会发现里面长毛，这种隔夜茶更不要喝。

第二种隔夜茶是指前一天晚上泡好茶后把茶水滤出来，之后如果是敞口放在室温环境下建议不要喝，如果是盖上盖子放入冰箱，第二天早上再加入温水一起喝，这是可以的，主要是因为冰箱温度低可以抑制微生物的活动。

（5）服用某些药物者忌饮茶

药物的种类繁多性质各异，能否用茶水服药，不能一概而论。茶叶中的茶多酚、咖啡因，可以和某些药物发生化学反应。如在服用金属制剂药时，茶多酚易与金属制剂发生反应而产生沉淀，故不宜用茶水送药，以防影响药效。贫血患者需要服用治疗贫血的硫酸亚铁，若同时喝茶，茶多酚与亚铁离子形成的复合物被直接排出体外，贻误病情。茶多酚同时也会影响某些含有胰酶、胃蛋白酶的药物的作用，使得药物中的蛋白质凝固，疗效受到影响。有些中草药如麻黄、钩藤、黄连等也不宜与茶水混饮，各种药效成分可能会受到茶成分的拮抗作用。

一般认为，服药 1 ～ 2 小时内不宜饮茶。而服用某些维生素类的药物时，茶水对药效毫无影响，而且茶叶中的茶多酚可以促进维生素 C 在人体内的积累和吸收。同时，茶叶本身含有多种维生素，茶叶本身也有兴奋、利尿、降血脂、降血糖等功效，一起服用可增强药效。

（6）新茶不宜饮

每年春季，大量新茶上市，经过一整个冬季的积累，春芽萌发，春茶中含有较为丰富的内含物质。而且整个春季，病虫害很少，所以春茶特别受人欢迎。但此时茶叶的价格有的堪比天价，然而买来直接喝并不是最好的选择。这是由于刚下来的新茶其中含有较多未经氧化的多酚类物质，这对胃肠道会有一定的刺激作用，引起腹泻。因此新茶应放置一段时间，待部分多酚氧化后再饮用。

■ 摊晾茶鲜叶

■ 湖南湘丰茶园

第五章 茶与社会和谐

一直以来，喝茶静心、安神、陶冶情操，不仅有益身体健康，也兼具荡涤心灵的作用，尤被文人墨客所喜爱。茶对社会和谐做出的贡献主要表现在茶文化对人品行方面的影响。茶圣陆羽在《茶经·一之源》中写道：“茶之为用，味至寒，为饮最宜精行俭德之人”。饮茶之人应兼具“精行俭德”的高贵品质，“精行”即精诚自律、品行端正，“俭德”即勤俭质朴、恪守立德。

当代茶圣吴觉农先生认为饮茶是一种精神上的享受，是一种艺术，或是一种修身养性的手段。茶学及茶文化泰斗姚国坤先生将茶道定义为：“通过饮茶方式，对人们进行礼仪教育，道德教化，直至正心、养性、健身的一种手段，是中国茶文化的结晶，是生活、艺术的哲学”。

■ 作者和姚国坤先生合影

在茶文化几千年的发展进程中，逐渐形成了以“廉、美、和、敬”为基本精神的中国茶道思想。茶圣陆羽所著《茶经》，奠定了中国茶道的理论和实践基础。“茶道”二字最早出自唐代诗人释皎然的《饮茶歌诮崔石使君》：“一饮涤昏寐，情思爽朗满天地。再饮清我神，忽如飞雨洒轻尘。三饮便得道，何须苦心破烦恼……孰知茶道全尔真，唯有丹丘得如此”。唐代“茶道”具体来说指的是“煎茶道”。北宋时期，经蔡襄、赵佶等人的发展、完善，逐渐形成了“点茶道”。明朝中期，随着品饮方式的进一步演变，“泡茶道”慢慢兴起。但无论是“煎茶道”“点茶道”还是“泡茶道”，其内涵精神是一致的，都是中华民族世代相传的宝贵精神财富。

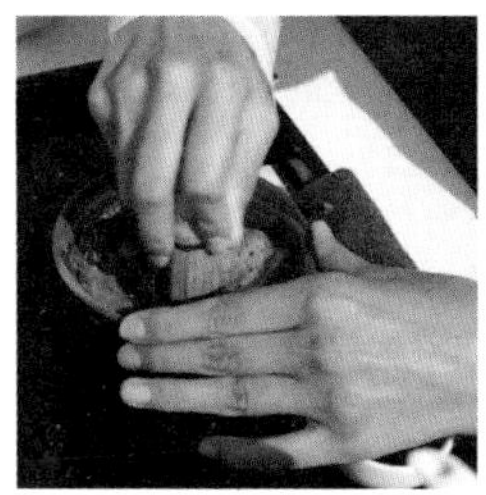

■ 宋代点茶

一、茶与精神健康

茶中多种内含成分在改善认知，促进精神健康方面均具有积极作用。我国学者将精神健康定义为一种健康状态，在这种状态下，每个人能够意识到自己的潜力，能够应付正常的生活压力，有成效地从事工作，并能对社会作出贡献。喝茶能够起到舒缓压力，提高记忆力，镇静安神等作用。茶饮作为一种具有社会性的饮品，对于促进人际交流方面也具有积极意义。

1. 茶多酚与认知改善

茶多酚作为茶叶中主要的功能性成分，其强大的抗氧化性对于调节认知，减轻神经细胞毒性，防治老年性神经退行性疾病具有十分积极的作用。神经退行性疾病包括阿尔茨海默病（老年痴呆）、帕金森、亨廷顿氏病等，严重影响了患者的生活，同时由于患者大多不能自理，且这类疾病发病周期皆长达十几年甚至二十几年之久，生活质量严重下降给患者和患者家庭带来了沉重的心理负担和经济负担。

随着我国老龄化进程的加快，老年性疾病的发病率在我国逐年提高，制约着社会的发展。目前为止，还没有药物可以完全治愈这类认知系统疾病，简易精神量表（MMSE）在诊断老年痴呆症进程中经常被采用。茶多酚卓越的抗氧化性可以通过调节神经递质水平，影响细胞信号转导通路，抗炎等多种手段改善或减缓由认知退化导致的相关疾病，对精神健康起到积极的调节作用。

简易精神量表（MMSE）测试

	分数	最高分
定向力		
现在是：星期几，几号，几月，什么季节，哪一年？		5
我们现在在哪里：省市，区或县，街道或乡，什么地方（第几层楼）？		5
记忆力		
现在我要说三样东西的名称，在我讲完后请您重复说一遍（请仔细说清楚，每一样东西一秒钟停顿） “花园”“冰箱”“国旗” 请您记住这三样东西，因为几分钟后要再问您的。		3
注意力和计算力		
请您算一算100减去7，然后所得的数再减去7，如此一直的算下去，请您将每减一个7后的答案告诉我，直到我说“停”为止。 （若错了，但下一个答案是对的，那么只记一次错误）		5
回忆力		
请您说出刚才我让您记住的那三样东西？ “花园”“冰箱”“国旗”		3

2. 茶氨酸与精神放松

茶氨酸是茶叶中特有的氨基酸，已被证实具有镇静安神、改善睡眠质量等多重功效。茶氨酸同时也对女性的经期综合征具有较好的缓解作用。经期综合征是指在经期或行经前后发生的下腹部疼痛，常伴随有恶心、呕吐、腹泻，严重时会出现面色苍白、手脚冰冷、冷汗淋漓等症状，并伴随月经周期反复发作的一种疾病。表现在精神方面则是情绪紧张，波动大，身心不安，遇事挑剔、易怒、烦躁，注意力不能集中等。目前，市场上已有含茶氨酸的保健品出售，用以缓解精神紧张等问题。此外，茶氨酸对于提高儿童智力和记忆力也有一定的帮助，因此建议妇女和儿童可以饮用茶氨酸含量较高的茶。

3. 咖啡因与神经兴奋

咖啡因具有提神益思、强心利尿、消除疲劳等功能，其兴奋作用一向被人们熟知。喝茶可以振奋精神，提高记忆和识别能力，指的就是咖啡因的提神功能。但需要注意咖啡因的摄入应该适量，否则会引起高血压和心律不齐、骨质疏松及流产等。

4. 茶促进家庭幸福、社会和谐

“一个人喝茶和气，一个家庭喝茶和睦，一个社会喝茶和谐，一个世界喝茶和平”。

“乱世饮酒，盛世饮茶”饮茶可以舒缓身心、净化心灵，对于促进家庭幸福、社会和谐有不可磨灭的功劳。茶使人清醒，镇静，以茶代酒、多喝茶、喝好茶，已经成为当今推崇的健康生活行为模式。茶，物质与精神同在，是造物主给了人类的恩赐。

中国茶道的精髓在于“和”，“以和为贵”“家和万事兴”，饮茶能将“和气”传承发扬，融入家庭生活中，促进家庭幸福。“和”凝集形成“一团和气”的新格局，促进社会和谐。有研究表明，常喝茶的家庭其离婚率低于不喝茶家庭，可见饮茶对于促进家庭幸福的重要作用。在喝茶聊天之际，增进家庭成员之间的交流，从而提升生活幸福感，沟通增多的同时矛盾冲突减少，促进家庭和谐。无数个小家幸福和睦了，社会自然也就和谐了。

二、茶文化与社会和谐

中国茶文化博大精深，无论是提倡“茶禅一味”的佛家思想、“茶道同源”的道家思想还是赋予茶以“茶十德”的儒家思想都对维系中华民族的长治久安发挥了卓越贡献。伴随茶文化走出国门，迈向世界，并由此衍生发展出来的韩日茶文化也对世界文明的发展做出了巨大贡献。近些年，茶文化蓬勃发展，与此相关的香道、花道、书道也日益受到人们的关注，它们在陶冶情操、修身养性、维护社会和谐方面均起到积极作用。

1. 茶文化与修行养生

茶起源于中国，茶文化源于茶又高于茶。茶文化是中国传统文化的杰出代表，主要由“儒、释、道”三家理论构成，此三家关于茶文化的理解又源于各自的文化背景。

（1）儒家“茶十德”“客来敬茶”

儒家文化是茶文化的核心，同时作为统治中国封建社会两千多年来的主流思想，坚持以“仁”为核心，以“礼”为规范。儒家文化提出“茶十德”：“散郁气、驱睡气、养生气、除病气、利礼仁、表敬意、尝滋味、养身体、可行道、可雅志”。这其中阐释了茶叶对生理和精神两方面的功效，“利礼仁、表敬意、可行道、可雅志”就是在谈茶对于精神方面的提升。

除了“茶十德”，儒家茶文化还提出了“客来敬茶”的重要概念，因此在各个社交场合上基本都有茶的身影。中国传统文化中无论是长辈来访还是客人登门，都一定要以香茶奉上以表示欢迎和尊敬，“以茶为礼”已成为中华民族所共识的待客之道。

（2）道家“茶道同源”

道家以老庄学说为理论根基，崇尚自然，主张天人合一，认为人本是自然的一部分，人理应顺应自然。道教热爱生命，重人生，乐人世，道教对茶文化最大的贡献在于提出了“乐生养生”的概念。道教认为人的寿命并非完全由“天”决定，人可以在现世通过自行的修炼、修道而成仙，达到“长生不死”“肉体飞升”“身登清虚三境”的境界。所以茶的药用价值与道家热爱生命的理念相契合。

茶，生于阳崖阴林，高山出好茶，道教的修道院也大多建于名山大川，白云缭绕，幽深僻静。道家的四大天师：葛玄、张道陵、萨守坚、许逊都与茶有着不可分割的联系。葛玄在天台山修炼之时，曾在山中种下茶圃，许逊也有用茶为民众治疗的记载。此外，道教养生炼丹需要火，茶人制茶、煮茶、饮茶都与火分不开。因此火炉成为了道教与茶人共同的标志性器具。道家推崇茶为得道成仙的仙药，壶居士在《食忌》中记载到：“苦茶，久食羽化”。陶弘景在《杂录》中说：“苦茶轻身换骨，昔丹丘子、黄山君服之”。吴理真（前200—53年），西汉严道（今四川省雅安名山县）人，号甘露道人，住蒙顶山之麓，

■ 吴理真雕像

道家学派人物，先后主持蒙顶山各观院。相传吴理真是中国乃至世界有明确文字记载的最早的种茶人，被称为“蒙顶山茶祖”“茶道大师”“甘露大师”。

（3）佛家“茶禅一味”

佛教起源于公元前6世纪—公元前5世纪，由佛祖释迦牟尼创立于古印度，两汉之际传入中国，很快在我国传播开来。僧人好饮茶，茶最早也是从僧人传向民间。佛教认为茶具有“三德”：“一德是不睡，坐禅通夜不眠；二德是消食，满腹时能帮助消化，轻神气；三德是禁欲，能抑制人的各种欲望”。所以，饮茶最符合佛教的生活方式和道德理念。

唐代佛教盛行，尤其是禅宗，关于喝茶坐禅的传说比比皆是，其中最有名的当属菩提达摩。传说菩提达摩发誓用九年的时间禅定，期间停止睡眠。前三年达摩顺利地完成了禅修，到了后来时不时陷入熟睡，达摩十分生气，遂割下眼皮，眼皮掉落地上竟长出了茶树。达摩采食树叶后，头脑立刻清醒，成功完成了九年禅定。

■ 达摩禅定

因此，佛教提出的“茶禅一味”指的就是茶和禅这两个相互独立的存在也有着共通之处，二者相互渗透，以达到清心、陶情、去杂、养性的最终目的。佛教认为人生是苦，人心是苦，而茶味也是苦的，因此茶和禅休都是苦的。

关于“茶禅一味”的故事还有著名的赵州和尚的“吃茶去”。一千多年以前，有两位僧人不远千里来到赵州，向赵州禅师请教什么是“禅”。

赵州禅师问其中的一个，“你以前来过吗？”那个人回答：“没有来过”。赵州禅师说：“吃茶去”。赵州禅师转向另一个僧人，问：“那你来过吗？”这个僧人说：“我曾经来过”。赵州禅师说：“吃茶去”。这时，引领那两个僧人到赵州禅师身边来的监院就好奇地问：“禅师，怎么来过的你让他吃茶去，未曾来过的你也让他吃茶去呢？” 赵州禅师又叫了一声监院的名字，监院答应了一声，赵州禅师说：“吃茶去”。对所有问禅之人，一句“吃茶去”看起来答非所问，其实蕴含着深刻的道理。想要悟禅，不能指望谁会告诉你“禅”是什么，所有的“禅”都蕴含在茶中，要靠自己去理解体会。如今寺内仍立有“吃茶去”的石碑，以示纪念。对于赵州和尚的三字禅“吃茶去”的理解见仁见智，意在表明茶中有禅，禅中有茶，“茶禅一味”是佛教对茶道的最大贡献。

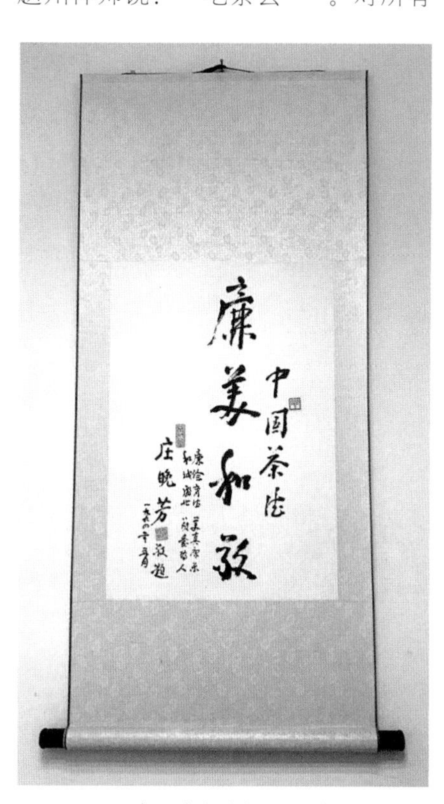

■ 中国茶德“廉美和敬”

因此，茶文化不仅是有关茶的精神形态，更是佛家、道家、儒家思想合流的产物。和谐社会的建立与中国的茶文化精神是不可分割的，中国茶德“廉、美、和、敬”倡导以“和”为贵，这与和谐社会的建立是一致的。茶的亲和力是显而易见的，无论是会客还是访友，营造和谐、融洽、温暖的氛围都离不开茶。

2. 各国茶文化与当代社会

641 年，唐太宗李世民为了维系内地与西藏边疆的关系，远嫁文成公主于松赞干布，嫁妆中就携带了大量的茶叶。通过这次和亲，不仅为边疆人民带去了茶叶，改变了他们的生活方式，也有效地维系了唐朝的稳定与繁荣。自此以后，四川和云南的茶叶通过茶马古道源源不断地送往西藏。新中国成立以来，四川、湖南、湖北、云南等省份就有计划地专门生产边销茶供少数民族饮用，长期维系着民族的团结与稳定。

■ 中国国际茶文化研究会原名誉会长刘枫先生

中国国际茶文化研究会原名誉会长刘枫先生最早提出“茶为国饮”的概念。2004 年，“茶为国饮”在全国政协十届二次会议上提出，得到了农业部、全国供销合作总社等国家机构的大力支持，同时也得到广大茶友的积极响应。倡导“茶为

■ 全世界人民习茶

■ 少年习茶

■ 老年习茶

国饮”不仅有助于增强国民体质，而且可以促进和谐社会的建立，促进国际交流和社会主义的文明建设。

从世界范围来看，通过“丝绸之路”和“海上丝绸之路”，茶叶和丝绸、瓷器等物品不远万里运往世界各个角落。茶也一直扮演着亲善大使的角色向世界推广着东方文明。茶的国际化不仅将茶这一圣灵植物带给了各国人民，也将温和、健康、优雅的茶思想浸润八方，茶叶已成为惠及全球 30 多亿人的健康饮品。目前，已有 60 多个国家种茶，160 多个国家和地区人民热爱饮茶。当茶转变为“Tea”的瞬间，茶作为一种东方特色的天然饮品，俨然成为了东西方文化交流的重要载体。英国著名科学史专家李约瑟曾经说：“茶是中国贡献给人类的第五大发明”。目前，茶文化在亚洲国家最为兴盛，形成以中国茶艺、日本茶道、韩国茶礼为构架的东方茶文化体系。

■ 茶艺泰斗童启庆先生授课（摄影 程刚）

■ 茶艺展示

■ 全国大学生茶艺技能大赛

■ 浙江大学茶艺队参观中国茶叶博物馆

（1）中国茶艺

中国茶文化经过上千年的传承和发展，已发展为多民族、多层次的文化整合体系。中国茶文化博大精深，包含着政治、经济、社会、文化等多方面内容。

从中国历史上最早的茶文化文献——西汉时期王褒的《僮约》，到世界上第一篇赞美茶的赋文——晋代杜育的《荈赋》，再到世界上第一部茶学专著——唐代陆羽的《茶经》，都是中国茶文化的杰出代表。

小说戏剧中，与茶文化有密切关系的包括《红楼梦》《金瓶梅》《牡丹亭》等，仅《红楼梦》中涉茶的情节就有几十余处。在曹雪芹笔下的《红楼梦》中，生活在荣宁两府中的人，几乎是无日不茶，无事不茶。茶界泰斗庄晚芳先生将中国茶文化基本精神定义为“廉、美、和、敬”，并将其具体解释为“廉俭育德，美真廉乐、合诚处事、敬爱为人”，这成为指导现代茶学及茶文化发展的理论根基。

新中国成立以来，在党和政府的大力支持下，茶文化蓬勃发展，近代茶学研究和茶叶教育诞生。1958 年，农业部在杭州建立中国农业科学院茶叶研究所，开展从茶树育种、栽培、加工到产品检验全过程的科学研究。1978 年，为进一步促进茶学研究的发展，全国供销合作总社在杭

■ 中国茶叶博物馆

■ 部分开设有茶学专业的高校

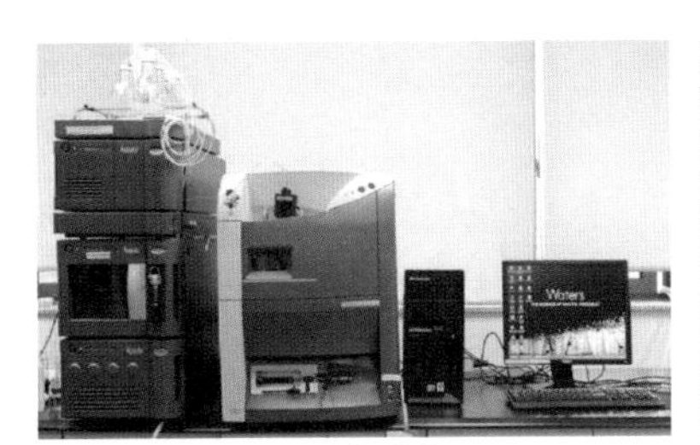

液质仪

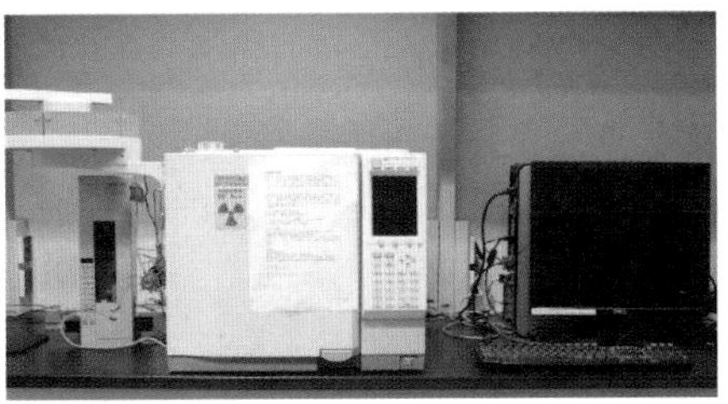

气质仪

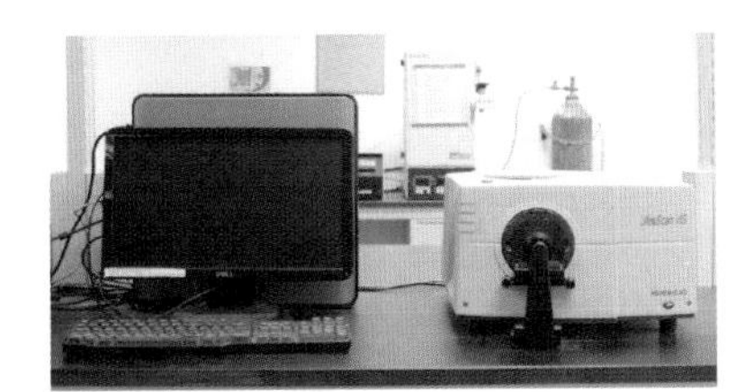

光谱光度计

实时荧光 PCR 扩增仪

制备色谱

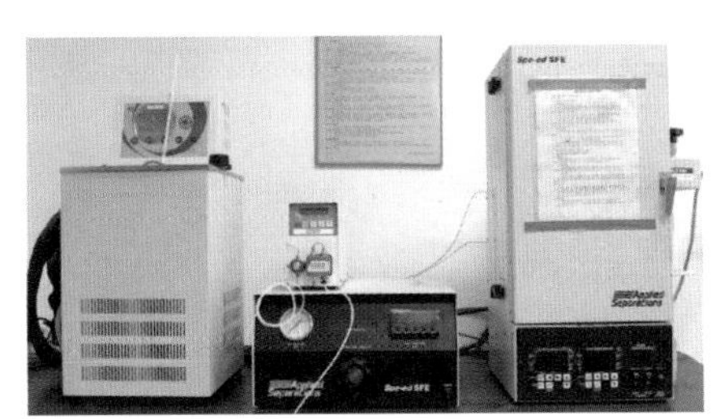

超临界萃取仪

■ 现代茶学研究设备

美国茶树种植管理交流团来浙江大学茶学系学习和交流

浙江大学茶学系师生赴韩国宝城郡交流学习

浙江大学茶学系代表团出席斯里兰卡国际茶业大会

中国大学生茶艺团服务G20国际会议

中国大学生茶艺团亮相阿斯塔纳世博会

中国大学生茶艺团绽放米兰世博会

■ 茶及茶文化的国际推广

州成立中华全国供销合作总社杭州茶叶桑蚕加工研究所，1996年更名为茶叶研究院，同时国家茶叶质量监督检验中心挂靠该院。除了上述两个国家级研究机构，各省市也先后成立了自己的茶叶研究所。1991年4月中国茶叶博物馆正式建成并对外开放，这是目前全世界最具有代表性的茶文化展示平台，目前设有龙井馆区和双峰馆区，位于杭州西湖龙井的主产地龙井乡，成为对外展示中国茶文化的重要窗口。

茶学教育方面，1940年中国茶叶公司设高中级业务人员技术训练班，并以此为契机，与上海复旦大学商议，成立了中国历史上第一个大学茶叶系所。复旦大学设置茶学科后，中央大学、浙江大学、安徽大学、金陵大学、中山大学先后在各自农学院开设茶相关课程。1952年，复旦大学茶叶专修科并入安徽大学农学院。1954年安徽农学院独立建院，王泽农、陈椽等茶叶专家成为安徽农学院的著名教授。后西南农学院（今西南大学）、华中农学院（今华中农业大学）、浙江农学院（已并入浙江大学）、湖南农学院（今湖南农业大学）、福建农学院（今福建农林大学）相继创办茶学系。1986年，浙江大学茶学系被国务院学位委员会批准为国内第一个茶学学科博士学位授权点。在1989年、2002年、2007年三次学科评定中，均被评为国家重点学科。茶学事业蓬勃发展，涌现出了像陈宗懋院士、刘祖生教授、童启庆教授、杨贤强教授、施兆鹏教授等一批优秀的茶学教育大家。2006年，浙江林学院（今浙江农林大学）和中国国际茶文化研究会联合发起，在茶学及茶文化泰斗姚国坤老先生的鼎力支持下，成立了中国第一所本科级别的茶文化学院，这对于发展和传播茶文化起着至关重要的作用。

（2）日本茶道

日本茶道源于中国，以“四规七则”为精神内涵。“四规”指的是“和、敬、清、寂”。“和”指的是泡茶时候和睦的氛围；“敬”指的

■ 日本里千家设置在浙江大学茶学系的“华光庵”茶室

■ 里千家第十五代家元千玄室大宗匠亲自进行茶道示范

■ 奉茶

■ 日式茶点

是尊敬长辈，上下等级分明，有礼仪，懂礼貌；“清”即清洁、干净，无论是茶具、茶室还是泡茶饮茶时的心境都应是清洁的；“寂”表示茶人应摒弃世俗欲望，凝神静气，耐得住寂寞。“七则”指的是：“茶要浓淡适宜；添炭煮茶要注意火候；茶水温度要与季节相适应；插花要新鲜；时间要早些，通常比客人提前15～30分钟到达；不下雨也要准备雨具；要照顾好所有的顾客，包括客人的客人”。从本质上说，这种严格的泡茶规范与日本茶道严肃端庄的茶道精神是一致的。

最早将茶叶引入日本的要数日本高僧最澄、空海。在最澄高僧前，鉴真和尚曾东渡日本，带去了关于天台宗的佛教书籍，在日本国内引起了对中国佛教的极高兴趣。鉴真（688—763年），唐朝僧人，广陵江阳（今江苏扬州）人，律宗南山宗传人，也是日本佛教南山律宗的开山祖师，为日本佛教和文化事业的发展做出了卓越贡献。

最澄（762—822年）在天台山学习后，于805年返回日本，创建了日本天台宗，另外也把从天台山带回的茶种播种在了京都比睿山，结束了日本列岛无茶的历史。同时，最澄将中国的饮茶文化带到了日本，并通过他作为日本天台宗的创始人的影响力，将饮茶贯穿到了传教活动中，并得到了日本最高统治者嵯峨天皇的大力支持。

■ 空海塑像

空海（774—835年）入唐学

法学成后，回国创立了日本的真言宗，曾将茶籽献给嵯峨天皇。嵯峨天皇（786—842 年）在位时，倡导饮茶和种茶，是日本茶文化的有力助推者，曾在日本掀起了一股“弘仁茶风”，饮茶活动特别兴盛。

南宋时期，日本的荣西禅师来到天台山万年寺，回国时带去了大量的茶树种子，还撰著了日本的第一部茶书《吃茶养生记》。荣西也被誉为日本的“茶祖”，是日本茶道文化的开拓者。

奈良时代（中国的唐朝）茶传入日本，直到镰仓时期（中国的南宋），茶在日本一直多作为祭祀用，剩下的茶叶末才能供人饮用。余杭的径山寺，是日本茶道的祖庭，圆尔辨圆、无本觉心、南浦昭明等高僧先后入

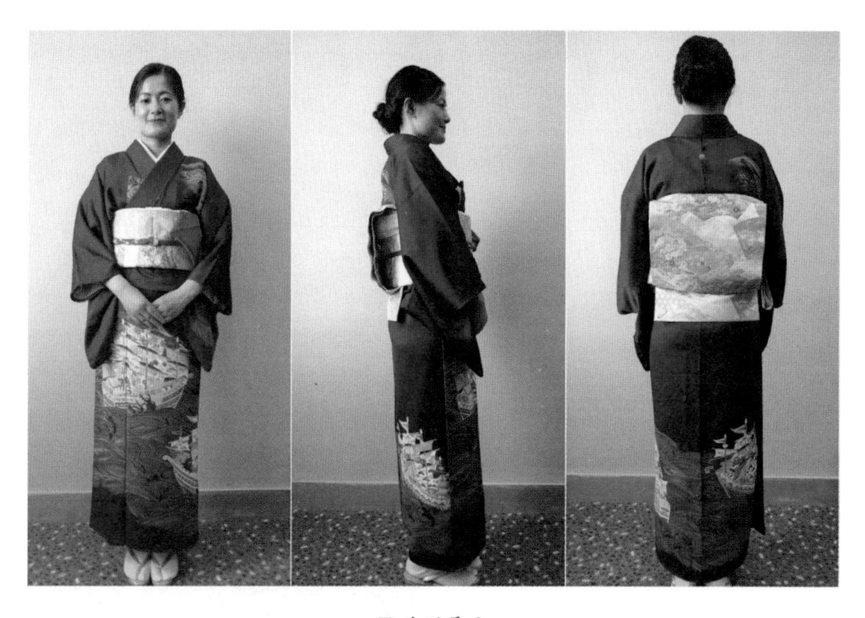

■ 和服展示

寺学禅，不仅将中国茶文化典籍和精美茶具带回日本，也将著名的径山茶宴传入日本，为日本茶道的最终形成做出了巨大贡献。宋朝时期天目

中日历史朝代对照

中国	日本
三皇五帝、夏、商、周	绳文时代 约前 10 000—约前 300 年
秦、汉、三国	弥生时代 前 3 世纪—3 世纪
晋、南北朝	古坟时代 3 世纪后期—7 世纪
隋、唐	飞鸟时代 6 世纪末—710 年 奈良时代 710—794 年
唐、北宋、南宋	平安时代 794—1192 年
南宋、元	镰仓时代 1192—1333 年
元、明	室町时代 1336—1573 年
清	江户时代 1603—1867 年 明治时代 1868—1912 年
民国	大正时代 1912—1926 年
民国、中华人民共和国	昭和时代 1926—1989 年
中华人民共和国	平成时代 1989—

茶碗、青瓷茶碗也逐渐开始由浙江传入日本。在日本茶道中，至今仍有把天目茶碗尊为至宝的习俗。

日本室町幕府时代（中国的明朝），高僧村田珠光（1422—1502 年）在京都修禅时，参与了由百姓主办的“汗淋茶会”，茶会风格古朴，尊崇自然。

后村田珠光创立了尊重朴素和自然的草庵茶风，并将其酝酿在茶道思想中。同时也将艺术和宗教引入了茶事活动，自此创立了日本茶道。

村田珠光后的一位大茶人为武野绍鸥（1502—1555 年），将和歌理论融入茶道，极大地丰富了村田珠光关于日本茶道的论述，使得日本茶道更具有民族特色。1555 年，茶道先驱武野绍鸥圆寂，弟子千利休成为继绍鸥之后的茶道大家。

武野绍鸥的弟子千利休（1521—1591 年）作为日本茶道的集大成者，对茶道进行了全面的革新。真正把茶道和喝茶提高到了艺术水平的境界，最大限度地使茶道思想摆脱了物质的束缚，因此更容易被大众所接受。日本茶道的“四规七则”就是由千利休创立并沿用至今的。在茶具方面，千利休更偏向采用生活茶具，认为从中国传去的天目茶碗、青瓷碗过于华丽高贵，朝鲜半岛庶民用来吃饭的高丽茶碗则更适合泡茶使用，其中

■ 天目盏

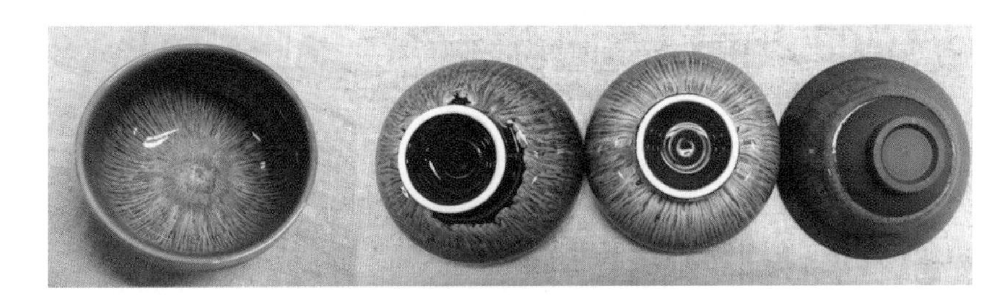

■ 兔毫盏

淡雅的黑色、无花纹的最好。与此同时他还大大简化了茶道的规定动作，使得茶人能够更加专心的体味茶道韵味。弟子曾问利休，什么是茶道的秘诀，利休答：“夏天如何使茶室凉爽，冬天如何使茶室暖和，炭要放得利于烧水，茶要点得可口，这就是茶道的秘诀。”

■ 里千家茶道展示

千利休同时规定了茶人资格，且发明了茶道用花和茶点心等，创立了茶师制度，采取师徒秘传方式传授技艺。茶道体系更加完善，逐渐形成了近似世袭掌门人制度，即今日所称的“家元制度”，从此日本茶道具有了日本文化的典型特色。

■ 里千家第十五代家元千玄室大宗匠于浙江大学发表纪念演讲

“家元制度”是从江户中期（中国的清朝）开始的，指日本的茶道、书道、香道、武道等，作为日本的“艺道”文化，都是只传长子。长子继承祖业后，承袭姓名，称为第几代家元，其余子弟则不得秘籍，不能称作家元。

千利休晚年被丰臣秀吉赐予剖腹自杀，千家茶道一度没落，直到利休之孙千宗旦，千家才再度兴盛起来，千宗旦也被称为“千家中兴之祖”。然而好景不长，千宗旦晚年千家分裂为三大流派，包括“里千家” “表千家” 和“武者小路千家”。里千家继承了千宗旦所隐居的“今日庵”，由于今日庵位于表千家所在的茶室“不审庵”的里面，故称为里千家。千利休弟子众多，其中最著名的七个大弟子被称为“利休七哲”，其中包括平民百姓和武士等。

日本茶道重视喝茶的仪式感，注重饮茶时的环境与意境。简单来说，饮茶的目的不在于茶本身，而是通过饮茶这一庄严的仪式来领悟人生的哲理，提高自身的价值，并将饮茶视为修身养性的重要方式。

■ 作者与里千家第十五代家元千玄室大宗匠合影

(3) 韩国茶礼

韩国自南北朝、隋唐时期起，就与中国往来密切。那时的朝鲜半岛分为高丽、百济、新罗三个国家，其中尤以新罗人在唐朝做官、学习佛

■ 韩国茶礼（摄影 程刚）

法最多。唐文宗太和后期，新罗使节大廉将茶籽带回国内，种于智异山下的华严寺，从此朝鲜半岛开始了种茶的历史，茶文化也由此兴起。

宋朝时，在宋代点茶的基础上，韩国茶礼初建。有专家将茶礼解释为“贡人、贡神、贡佛的礼仪”。主要包括：“吉礼时敬茶；齿礼时敬茶；宾礼时敬茶；嘉时敬茶”。其中，又以“宾礼时敬茶”最为重要。元朝时期，韩国进一步学习中国的茶文化，众多茶房、茶店、茶食、茶席慢慢兴盛起来。

20 世纪 80 年代，“韩国茶道大学院”专门成立，韩国茶文化得以再度复兴。韩国茶礼的精髓在于“和、敬、俭、真”。“和”是指要求茶人和平共处、互相尊重；“敬”强调等级分明，以礼待人；“俭”是提倡俭朴、朴素的生活；“真”是讲究人际交往要真心实意，以诚相待。韩国倡导尊孔崇儒，重视家庭伦理道德教育。目前，韩国茶礼已成为韩国民族的重要传统风俗节日之一，阴历的每月初一、十五、节日和祖先的生日都要举行简单的茶礼祭祀。总之，韩国茶文化由于颇重视礼仪，从茶室造型到泡茶的各个过程均有严格的规范和程序，故被称为“韩国茶礼”。

3. 茶与花道、香道、书道

宋代文人曾将“点茶、插花、焚香、挂画”视为人生的四大雅趣，并逐步发展传承，成为今天所称的“茶道、花道、香道、书道”。茶也与琴、棋、书、画、诗、酒一起成为了人们的雅趣和精神食粮。明代学者许次纾在其著作《茶疏 · 饮时》中明确地提到了饮茶的环境，被视为品茶的最佳氛围。

（1）茶与花道

现代意义上的花道，指的是插花的艺术，鲜花预处理后，按照一定的主题构思，将花材以特定的方式插放在精心挑选的器皿中。同茶道一

茶疏·饮时

明 许次纾

心手闲适，披咏疲倦，意绪棼乱，听歌闻曲，

歌罢曲终，杜门避事，鼓琴看画，夜深共语，

明窗净几，洞房阿阁，宾主款狎，佳客小姬，

访友初归，风日晴和，轻阴微雨，小桥画舫，

茂林修竹，课花责鸟，荷亭避暑，小院焚香，

酒阑人散，儿辈斋馆，清幽寺观，名泉怪石。

样，花道同样是修身养性，提高审美的极好方式。

隋唐时期，佛教盛行，作为供养佛的重要物件，佛前供花应运而生，花道的雏形自此形成。随着佛教在民间的流行，插花也逐渐进入寻常百姓家，成为祈求神灵庇佑不可缺少的摆设。插花的整个过程，花开花落，也是感受生命变化轮回，感受自然的过程，有助于陶冶身心，提高审美。插花艺术传入日本后，基于日本得天独厚的海洋性气候，花木生长繁茂，且四季分明，不同节气均有不同种类的花卉盛开，这为花道在日本的繁荣发展奠定了重要的物质基础。同茶道一样，在日本，熟练插花已成为评判妇女品德、气质教养的重要内容。日本花道发展过程中，尤其注意将中国园艺造景艺术与当地风俗相结合，逐渐形成了几大具有各自特色的花道流派。目前花道艺术在日本发展较之国内成熟很多。

日本的插花艺术十分繁荣，流派众多，比较著名的包括池坊流、小原流和草月流。池坊流作为花道界最古老的流派，十分有名，是当今日本花道界的主流派，甚至成为日本花道的代名词。

池坊家族历代宗匠多为僧侣，可见花道与佛教思想也是相通的。十五世纪室町中期，池坊插花在专庆大师的努力下创立。池坊流派创造

了一种复杂的供花造型“立花”，即“站立的花”，主干明显。学习“立花”是花道的基础，池坊流的学说对日本花道的发展产生了深远的影响。

小原流创立于明治末年（中国的清朝），其创始人小原云心也曾是池坊流的学生。由于结合了西方的艺术构思，因此时代感较强，比较受年轻人的喜爱和追捧。相较池坊流，小原流插花的特点是基底稳固，重心靠下，“盛花”即是小原流创制的典型代表艺术。“盛花”是将花材插入到针状的支撑物中，强调空间的饱满性，花材可以从支撑物的各个角度伸出，已达到丰满充盈整个空间的效果。

草月流派是第二次世界大战后兴起的新流派，倡导自由，提出插花艺术不应过于拘束，应自由地组织造型。在插花过程中，也将西方的艺术观点融合于插花艺术当中。铁丝、塑料、玻璃、石膏等现代素材均成为草月流派插花所使用的辅助材料。

除了上述几大主要流派外，未生流、松风流、古流等上千个花道流派虽特点不尽相同，但正是由于各流派的百花齐放，日本的花道艺术才得以蓬勃发展。

花道的基本精神“静、雅、美、真、和”和茶道的基本精神“廉美和静”有着本质的一致性。追求“天、地、人”和谐统一的花道和茶道，都围绕着一个“和”字，即在插花和泡茶过程中实现人与自热的和谐统一。同时，追求着一个“美”字，以求在此过程中实现行为和道德的双重提升。日本《池坊秘传》里记载“花之心应为我之心也”，表明插花的主要目的在于通过插花过程和最后的作品来认识自我、反省自我，达到净化心灵的作用。

茶道插花大体可以分为两类，一是作为茶空间的装饰，大多摆在茶室的边缘位置，以营造一个和谐、安静的泡茶氛围；二是用以装饰茶席，放置在茶席的合适位置，与茶艺主题密切相关，常起到画龙点睛的作用。

■ 插花展示

茶道插花以淡雅恬静为美，不应有过度的香气和繁复的色彩，以简约为基本原则，以体现茶道基本精神为根本原则。孔子曾说过“以素为绚”，因此无论是茶具还是花具在配色上都应避免绚烂多彩、杂乱无章。“意到深处最是简”，茶道和花道都是相关艺术的高度总结凝练，蕴含着深刻的意味，因此不应将其展现地太过张扬。

不同的茶有着不同的性质，不同的花也有着不同的生长习性，人们进而赋予了其不同的代表意义。“初春使者”迎春花，给我们带来春的气息，象征着希望和活力；“出淤泥而不染”的荷花多为夏季开放，被誉为“花中君子”；秋季“采菊东篱下，悠然见南山”，菊花象征高雅和超凡脱俗的气节，常被称为“花中隐者”；冬季，梅花傲雪独立，凌寒独自开，象征着坚毅和高洁。因此为茶席或茶空间选择合适的插花是一门十分考究的艺术。同时，应秉持“以茶为主”的原则，花只是起到营造氛围和陪衬的作用，切莫主次颠倒。

(2) 茶与香道

香，“聚天地纯阳之气而生者”，可以起到镇静安神，缓解疲劳的作用。香料可以分为天然香料和合成香料，能够起到养生保健作用的多为天然香料，而合成香料多用于食品饮料添加剂。天然香料种类繁多，包括名贵的麝香、灵猫香、龙涎香、檀香等，也包括十分常见的小茴香、艾草、玫瑰花、茉莉花等。古人认为焚香可以起到扶正祛邪，补充阳气，通经开窍的作用，夜晚失眠的最本质原因就是由于白天过于辛苦，阳气损耗严重，因此夜晚焚香可以有助睡眠。

焚香，起于上古，由于医疗水平落后，瘟疫时常泛滥，人们常通过焚烧艾草或茱萸等草药来预防传染。“扈江离与辟芷兮，纫秋兰以为佩”“杂申椒与菌桂兮，岂维纫夫蕙茝”，到了战国时期，对香草的认识和 利用进一步扩大加深。在屈原《离骚》中就有关于香草数十句的记载，佩戴香草成为文人雅士必不可少的装饰用品。到了西汉，中外文化交流增多，海陆并举，尤与西域交流最为频繁。西域的树脂香料传入中原，极大的丰富了香料市场。到了唐代，佛教盛行，寺庙焚香成为了香料消费的一个巨大市场。同时随着对外交流的进一步扩大，香文化进一步流行。鉴真和尚东渡日本之时，不仅带去了茶和佛教，也将香道文化传入日本。

到了宋代，香文化出现了集大成者，《香史》《香谱拾遗》《陈氏香谱》《香谱》相继完成，香道发展达到顶峰。“点茶、插花、焚香、挂画”文人著名的四雅事就是在宋代闻名的。北宋诗人黄庭坚以《香十德》来赞美香道的好处：“感格鬼神，清净身心，能拂污秽，能觉睡眠，静中成友，尘里偷闲，多而不厌，寡而为足，久藏不朽，常用无碍”。大意是指焚香可以起到净化心灵，去除杂念，有助睡眠的作用，甚至能够感动鬼神。在尘世间，忙里偷闲，静静地焚上一炷香，香多不觉得厌烦，香少也觉得充足够用。就算是将香长久储存，也不会腐朽，如果经常拿出来使用也会非常方便，且对人没有坏处。其中既描绘了香对身体的保健功效，也点明了焚香带给人心灵的慰藉。

■ 香道演示

明清时期，香文化进一步普及。最著名的香文化著作要数周嘉胄的《香乘》，全书共二十八卷，从香料来源、分类到香料疗法、用法全面细致，一应俱全，被收录《四库全书》，可谓是香道界的“百科全书”，这也为后代研究香文化提供了宝贵依据。

到了现代，随着生活节奏的加快，同插花一样，焚香也成为了一种奢侈享受。在泡茶过程中，为营造闲适舒缓的氛围，焚上一炷香是非常好的选择。这既可以使泡茶者更为轻松、专注，同时也可使观众更为享受茶空间带给人的多重感官影响。需要注意的是，香的选择切忌过于浓重，影响茶味，同样应以淡雅为上，起到衬托的作用。

（3）茶与书道

书道，本质上就是书法的艺术，与茶结合后，更多地是指茶室内“挂画”的讲究，即把书法或绘画作品挂在茶室的合适位置，营造良好的茶室氛围，表达茶道思想和茶艺内容。挂画可与茶艺表演的主题结合，秉持“以简为美”的原则。离地距离以视觉感舒适为最根本准则，同时不影响茶艺操作和客人的活动。茶室挂画通常选取水墨画或书法作品，颜

■ 以茶会友

色素雅为上，以烘托茶艺表演为主要目的。总之应与茶室整体环境匹配，达到统一、和谐的陈设布景要求。

茶空间里讲究茶与器、花、香、画等的和谐统一，其体现的不仅仅是单纯的茶道主题，更要讲究良好的意境和韵味。通过泡茶过程达到自我身心的反思和重生，这才是茶空间建设的目的。

■ 茶室挂画展示

■ 茶空间展示

第六章　茶叶深加工及茶的综合利用

茶与可可、咖啡并称世界三大无酒精饮料，茶在中国不仅被誉为“国饮”，也受到世界各国人民的青睐。茶叶内含物质丰富，除了饮用外，挖掘其潜在价值，将其充分利用于深加工产业具有广阔的前景。自 20 世纪 70 年代以来，茶叶深加工产业逐渐发展起来。

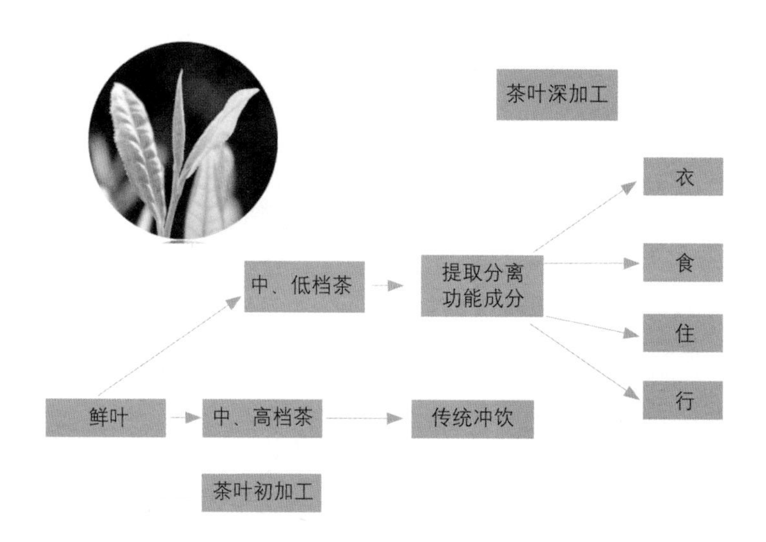

近年来，伴随着整个第一产业的转型升级总趋势的推动和现代分离纯化技术的提高，茶叶深加工产品的开发也进入了黄金时代。涵盖药品、食品、化妆品、日用品等各个领域，茶资源的综合利用必将成为整个行业发展的新趋势。

茶叶深加工是指以茶鲜叶、成品茶、茶叶副产品或茶树其他部分为原料，采用相应的物理、化学和生物技术生产出含有茶或茶有效成分的新产品的加工方式，提高这些功效成分利用率的过程。茶叶深加工打破了传统的茶产业结构，拓宽了茶资源利用领域，是提高茶产品附加值、提升茶叶经济效益的重要途径。深加工是时代对茶产业提出的挑战和机遇，2015 年，传统茶产业，干毛茶总产量 227.762 4 万吨，产值 3 078 亿元。深加工产业：用茶约 4 万吨，产值大于 800 多亿元。2015 年全世界有 30% 左右的茶叶被用作其他行业的原料。目前茶叶深加工产品已覆盖衣食住行各个领域，在为人类带去健康的同时也带去了生态绿色的生活方式。

一、含茶药品、保健食品

目前有关茶保健品、药品中所含的茶成分以茶多酚和绿茶提取物为主，保健功效涉及众多方面。相比而言，茶氨酸开发制得的保健品相对较少，但势头强劲，其生物保健性日益被人们所重视。

1. 含茶药品

据国家食品药品监督管理局数据查询，我国现有茶内含成分开发为药品的主要是茶碱以及茶多酚，其中绝大多数是由茶碱制成的复方药物，茶叶中茶碱含量很低，因此目前绝大多数药物中的茶碱是由化学合成制得的。

2. 含茶保健食品

目前国内茶药品很少，主要以茶保健食品为主。2005 年实施的《保健食品注册管理办法（试行）》将保健食品定义为：声称具有特定保健功能或者以补充维生素矿物质为目的的食品。即适宜于特定人群食用，具有调节机体功能，不以治疗疾病为目的，并且对人体不产生任何急性亚急性或者慢性危害的食品。

■ 保健食品认证标志

保健食品隶属于食品，但由于其具有相应的保健功能和补充人体所需营养物质的能力，又不同于普通的食品。目前市场上流通的保健食品都应该具有“国食健字”。“国”代表国家食品药品监督管理局，“食”代表食品，“健”代表保健食品，产品上的标识方式为“国食健字 G+ 四位年份代码 + 四位顺序号”或者“国食健字 J+ 四位年份代码 + 四位顺序号”。其中，G 代表国产，而 J 则代表进口。

申报保健食品需要提供产品研发报告、成分配方、功能成分检测方法及相关检验部门提供的检验报告等。而如果是进口保健食品则一定要附上产品在生产国（地区）上市使用的包装、标签、说明书实样，并附中文译本，需要注意的是所有的进口食品都应在商品外包装上附有中文说明书，否则将不受法律的保护。

茶保健食品作为保健食品的一个小分支，是以茶叶或茶叶提取物为主要原料加工制成的对人体有一定保健作用的食品。茶叶提取物的提取方法主要包括溶剂提取法、超临界萃取法、微波辅助提取法、超声波辅助提取法等，原叶茶经提取之后，对提取液进行分离，纯化获得有效成分。能够作为保健品添加剂的成分都必须经过毒理性实验证明安全无毒方可添加。茶保健食品中茶成分的添加形式主要分为茶叶（绿茶、红茶、乌龙茶、白茶、普洱茶、花茶等）和茶叶提取物（茶多酚、绿茶提取物、红茶提取物、茶色素等）两大类。其中以茶叶形式添加的保健食品占主要地位，其中又以添加绿茶为主。以茶叶提取物为添加形式的保健品中以添加绿茶提取物和茶多酚为主。

（1）茶多酚类保健食品

自1997年杭州东亚茶多酚厂生产的绿多维胶囊开始，茶多酚类保健食品逐年增多，功能包括延缓衰老、增强免疫力、降脂减肥三大功效。

2004—2014年茶保健食品茶成分添加形式

以茶叶为原料			以茶叶提取物为原料		
茶原料形式	注册产品数（个）	占比（%）	茶原料形式	注册产品数（个）	占比（%）
绿茶	97	49.49	茶多酚	30	15.31
乌龙茶	12	6.12	绿茶提取物	18	9.18
红茶	11	5.61	茶色素	3	1.53
茶叶	8	4.08	茶叶提取物	2	1.02
普洱茶	8	4.08	红茶提取物	2	1.02
黑茶	2	1.02	黑茶提取物	2	1.02
花茶	1	0.51			

资料来源：周继红，应乐，徐平，等，2015. 茶相关保健食品的开发现状[J]. 中国茶叶加工，4:26-30.

茶保健品中，通常茶成分只是原料的一部分，为了起到产品所标明的相应功能，厂家通常会在产品中同时添加其他具有相似功能的成分。为了保证添加物的安全，卫生部也对药食同源食物进行了明确规定，包括既是食品又是药品的物品（如丁香、山药、山楂、杏仁、枣、莲子、黑芝麻等）、可用于保健食品的物品（如人参、红花、苦丁茶、玫瑰花、蜂胶等），以及保健食品禁用物品（如千金子、马钱子、雷公藤、红茴香等）。

（2）茶氨酸类保健食品

除了茶多酚类保健品，近几年茶叶特有的氨基酸，茶氨酸也已被大规模地用于保健品的开发。基于其卓越的镇静安神作用，茶氨酸被誉为“21 世纪新天然镇静剂”。日本是开发利用茶氨酸最早的国家，1949 年，日本就已有茶氨酸产品上市，当时主要利用茶氨酸的鲜爽口感来改善饮料的滋味。自 20 世纪 90 年代以来，茶氨酸已成为天然产物领域的焦点，吸引着越来越多的研究者对其进行功效研究，推动了茶氨酸在保健品和药品领域的广泛应用。

1998 年，在德国召开的国际保健食品新原料大会上，茶氨酸被评为“最值得开发的食品新材料”。因此在欧洲掀起了一股追捧茶氨酸的浪潮，众多公司开始向日本进口茶氨酸原料。

日本太阳化学公司是日本国内最早开发利用茶氨酸的厂商，也是目前日本乃至全球最大的茶氨酸制剂生产商，在国际市场上占有很大份额。目前，日本国内生产茶氨酸保健品的企业众多，品牌也是十分丰富。美国的茶氨酸生产后来居上，产品更是琳琅满目，美国自 2000 年正式批准茶氨酸进入该国市场并将其归入 GRAS 级（即公认为安全的）食品添加剂。其在美国上市时间不如日本长，但发展势头十分惊人。在美国市场上目前至少已有 50 ～ 60 种不同品牌的茶氨酸产品。

20世纪90年代末，我国也加入茶氨酸的生产，这与当时国际市场对茶氨酸需求大增的形势有关。目前，国内至少有二三十家公司在生产茶氨酸，产品主要供出口，内销数量极小。湖南金农公司是国内最早从事茶氨酸原料生产的植物提取物生产商，主要出口市场为日本、美国、加拿大与欧洲。2000年，日本太阳化学公司在江苏无锡郊区成立了一家合资企业“无锡太阳绿宝生物公司”，该公司生产的茶氨酸基本上全部反销日本市场，不在中国销售。

我国抑郁症发病率近几年来不断上升，而茶氨酸作为一种良好的天然镇静剂治疗抑郁症已得到国际医学界的公认。因此，尽快开发国内茶

卫生部公布药食同源物品和可用于保健食品的物品名单

既是食品又是药品的物品名单

（按笔画顺序排列）

丁香、八角茴香、刀豆、小茴香、小蓟、山药、山楂、马齿苋、乌梢蛇、乌梅、木瓜、火麻仁、代代花、玉竹、甘草、白芷、白果、白扁豆、白扁豆花、龙眼肉（桂圆）、决明子、百合、肉豆蔻、肉桂、余甘子、佛手、杏仁（甜、苦）、沙棘、牡蛎、芡实、花椒、赤小豆、阿胶、鸡内金、麦芽、昆布、枣（大枣、酸枣、黑枣）、罗汉果、郁李仁、金银花、青果、鱼腥草、姜（生姜、干姜）、枳椇子、枸杞子、栀子、砂仁、胖大海、茯苓、香橼、香薷、桃仁、桑叶、桑椹、桔红、桔梗、益智仁、荷叶、莱菔子、莲子、高良姜、淡竹叶、淡豆豉、菊花、菊苣、黄芥子、黄精、紫苏、紫苏籽、葛根、黑芝麻、黑胡椒、槐米、槐花、蒲公英、蜂蜜、榧子、酸枣仁、鲜白茅根、鲜芦根、蝮蛇、橘皮、薄荷、薏苡仁、薤白、覆盆子、藿香

可用于保健食品的物品名单

（按笔画顺序排列）

人参、人参叶、人参果、三七、土茯苓、大蓟、女贞子、山茱萸、川牛膝、川贝母、川芎、马鹿胎、马鹿茸、马鹿骨、丹参、五加皮、五味子、升麻、天门冬、天麻、太子参、巴戟天、木香、木贼、牛蒡子、牛蒡根、车前子、车前草、北沙参、平贝母、玄参、生地黄、生何首乌、白及、白术、白芍、白豆蔻、石决明、石斛（需提供可使用证明）、地骨皮、当归、竹茹、红花、红景天、西洋参、吴茱萸、怀牛膝、杜仲、杜仲叶、沙苑子、牡丹皮、芦荟、苍术、补骨脂、诃子、赤芍、远志、麦门冬、龟甲、佩兰、侧柏叶、制大黄、制何首乌、刺五加、刺玫果、泽兰、泽泻、玫瑰花、玫瑰茄、知母、罗布麻、苦丁茶、金荞麦、金樱子、青皮、厚朴、厚朴花、姜黄、枳壳、枳实、柏子仁、珍珠、绞股蓝、胡芦巴、茜草、荜茇、韭菜子、首乌藤、香附、骨碎补、党参、桑白皮、桑枝、浙贝母、益母草、积雪草、淫羊藿、菟丝子、野菊花、银杏叶、黄芪、湖北贝母、番泻叶、蛤蚧、越橘、槐实、蒲黄、蒺藜、蜂胶、酸角、墨旱莲、熟大黄、熟地黄、鳖甲

保健食品禁用物品名单

（按笔画顺序排列）

八角莲、八里麻、千金子、土青木香、山莨菪、川乌、广防己、马桑叶、马钱子、六角莲、天仙子、巴豆、水银、长春花、甘遂、生天南星、生半夏、生白附子、生狼毒、白降丹、石蒜、关木通、农吉痢、夹竹桃、朱砂、米壳（罂粟壳）、红升丹、红豆杉、红茴香、红粉、羊角拗、羊踯躅、丽江山慈姑、京大戟、昆明山海棠、河豚、闹羊花、青娘虫、鱼藤、洋地黄、洋金花、牵牛子、砒石（白砒、红砒、砒霜）、草乌、香加皮（杠柳皮）、骆驼蓬、鬼臼、莽草、铁棒槌、铃兰、雪上一枝蒿、黄花夹竹桃、斑蝥、硫磺、雄黄、雷公藤、颠茄、藜芦、蟾酥

氨酸新产品市场，不仅可为低档绿茶转化为高附加值茶氨酸提供一条新出路，还可为国内保健品产业增添一只富有市场潜力的新品。

二、含茶化妆品

除了茶保健食品，近年来，以茶为添加剂制成的化妆品的数量也是呈上升趋势。茶常被作为一种传统的治疗烧伤、创伤和肿胀的原料。茶树油被当作一种护肤的添加剂广泛应用相关产品中。绿茶药膏可以减轻蚊虫叮咬的瘙痒和炎症，茶中的茶多酚和黄酮具有消毒抗炎杀菌的功能。茶也可以用来阻止或减缓出血，促进皮肤再生，创面愈合，或治疗某些上皮疾病，如口腔溃疡、牛皮癣、酒渣鼻和皮肤的光老化。在一定的浓度内，儿茶素或绿茶多酚的混合物可以刺激老化角质细胞产生生物能量，合成 DNA，促进细胞分裂。茶多酚对皮肤的紫外线损伤和光老化的防

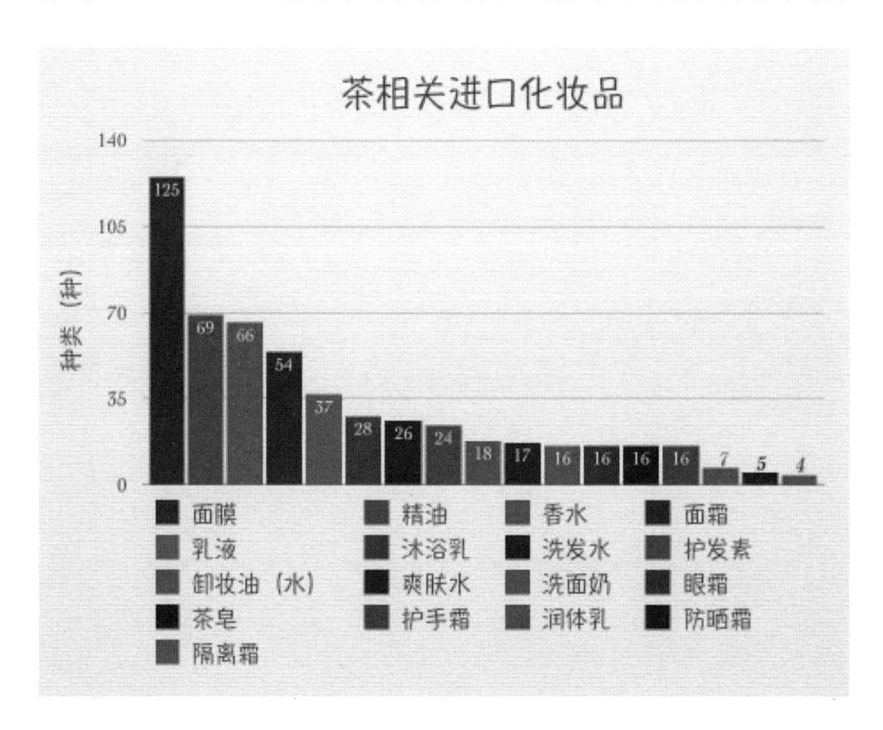

治作用已经得到很多研究证实。

茶相关进口化妆品不仅种类涉及约 17 种，包括各类洗护用品，细分程度高，而且每一类下面的品牌种类极为丰富。可以看出面膜是进口化妆品中品牌种类最为丰富的产品，其次是精油和香水，防晒霜和隔离霜数量较少。法国、美国、韩国、日本和中国先后开发出各种香型的绿茶香水，其既有清新优雅的芬芳，又有美容抗衰之效能，颇受年轻时尚一族钟爱。

此外，含茶牙膏已占据牙膏市场近 10% 的份额，品牌种类十分丰富，已占据牙膏市场很大份额。除了茶叶提取物可以起到消炎杀菌、预防口臭等作用外，茶叶中所含的氟也可起到保护牙齿的效果。茶树从土壤中吸收氟，然后在叶片中积累。通过矿化牙齿表面的钙磷物质，提高牙齿的抗腐蚀能力，经常喝茶可降低龋齿的发生和严重程度，且可避免直接摄入氟可能导致的氟中毒。以茶多酚和茶叶氟为主要活性成分的牙膏，具有抑菌消炎、防龋防蛀、祛斑去垢、清新口气的功效，是维护牙齿健康的理想产品。

然而作为茶叶起源国及产茶大国，茶叶的资源优势并没有在化妆品领域完全发挥出来。无论进口化妆品还是国产化妆品，其中茶叶添加物目前基本为绿茶提取物或茶多酚，且已获得积极的市场反馈。开发含茶化妆品是茶深加工产业的重要组成部分，前景广阔。

三、茶的综合利用

茶中功能性成分丰富，并且随着物质生活的细分，茶对于人们的价值已不仅仅是为了饮用解渴。茶产业也已从单一的农业逐步向日化、食品等领域扩展。茶的价值将逐渐渗透到各个领域，衣食住行无所不在。面对国际市场上茶深加工产品蓬勃发展的局面，也从侧面敦促我国茶产业需

绿茶非水溶性成分与生理功能

非水溶性成分占干物质的70%～80%

膳食纤维　30%　预防癌症及心血管疾病

蛋白质　25%　营养成分

β-胡萝卜素　15%～30%　抗癌、抗氧化、增强免疫力

维生素E　25%～70%　抗癌、抗氧化、预防白内障、抗不育、增强免疫力

叶绿素　0.6%～1%　预防癌症

矿物质　2%～3%　补充人体所需

要迅速转型升级，提高附加值。目前开发茶产品的原料也在逐步扩展，十分广泛，不仅包括开发含茶制品，茶花、茶籽等昔日被认为是茶叶生产过程中的废弃物也在茶叶深加工领域渐渐崭露头角。茶树全身是宝，每一部分都可以为人类做贡献，全面开发茶深加工产品是真正意义上的综合利用。

1. 茶叶产品

茶树芽叶的有效成分和保健功效在前些篇章已有赘述，茶叶除了直接饮用和加工成保健品外，还可作为食品添加剂。通过饮茶，茶多酚的浸出率约为60%～70%，游离氨基酸、维生素的浸出率约在70%～80%，而多糖、膳食纤维的浸出率不到20%。显然，仅靠水泡，只能将茶叶中的水溶性成分部分浸提出来，而一些不溶性或难溶的成分，如脂溶性维生素A、维生素E和维生素K，还有绝大部分的蛋白质、碳水化合物及部分矿物质仍大量存留在茶渣中。茶中的有效成分只能部分被人体吸收利用，同时不习惯喝茶的人也不能够享受到茶带给人的健康功效。

为更好更有效地利用茶叶中的内含成分，将茶叶作为添加剂应用于

食品中，通过食用，可以使人体尽可能充分地吸收有效成分，这也就是我们常说的“吃茶”。同时，可以起到改善食品风味、延长货架期和保鲜期的作用。茶食品是茶叶深加工、综合利用的一个重要方面，可以为处理中低档茶提供很好的思路，提高茶产业的附加值。而且茶作为一个健康的代名词，早已深入人心，因此含茶食品必将受到消费者的喜爱和追捧，也为不习惯喝茶的消费者提供了接触茶、享受茶的新途径。

(1) 茶菜

早在3000多年前《晏子春秋》里就有记载：“婴相齐景公时，食脱粟之饭。炙三弋五卵，茗菜而已”。唐代《茶赋》中也有：“茶，滋饭蔬之精素，攻肉食之膻腻”，表明在古时候就有以茶入菜的风俗习惯了。将茶叶添加在菜肴当中，可以起到去腥除腻、增色的效果。

于观亭、解荣海、陆尧三位先生共同编著《中国茶膳》一书中茶菜肴的名单：

茶香沙拉、茗缘贡菜、茶卤肉、炸雀舌、滇红烤墨鱼、白雪乌龙、祁糖红藕、银针献宝、寿眉戏三菇、观音送子、红茶鸡丁、龙井虾仁、雨花芙蓉虾、乌龙炝虾、翠螺蒜香骨、吉祥观音、清蒸龙井桂鱼、茶杞炒蛋、乌龙烧大排、冻顶炸茄盒、茶肉子椒、红茶鸡片、茶香豆腐、红茶熏鸭、茶烧牛肉、龙井汆鲍鱼、鲍鱼护碧螺、冻顶白玉、紫笋狮子头、佛手罗汉煲、雀舌掌蛋、紫笋熏鱼、白牡丹蟹圆、兰花松子鲜贝串、碧螺春蒸饺、鸡丝茶面、茶鸡玉屑、绿茶芝麻糊、绿茶鸡汤面条、翠芽茶泡饭、龙井茶蛤蜊汤、乌鱼茶汤、绿茶番茄汤、红茶八宝粥、红绿茶冻、五香茶叶蛋、溧阳白茶春卷、绿雪炒年糕、黄金桂花羹

1972年，周恩来总理陪同美国总统尼克松到西湖楼外楼用餐时，服务员遂奉上一盘“虾仁晶莹鲜嫩、茶芽翠绿清香”的菜肴。尼克松品尝后，赞不绝口，这便是世界闻名的龙井虾仁。以龙井茶配虾仁，不仅色

彩令人赏心悦目，而且龙井茶中的茶多酚类物质可以防止虾仁中不饱和脂肪酸在高温环境下发生氧化，同时起到除腥的作用，茶香渗入鲜虾中，别有一番风味。

以茶入膳，需要注意一些问题。首先，茶叶不适合与含有丰富钙元素或蛋白质的原料一起加工。例如茶叶不能与螃蟹、豆腐等一起烹制。因为茶叶中的茶多酚会与螃蟹中所含的钙离子结合生成不能被人体消化的盐类物质。茶多酚同时也会和豆腐中含有的蛋白质络合，直接排出体外，影响蛋白质的吸收。这不仅不能获得茶多酚的保健功效，而且钙离子和蛋白质的吸收也受到严重影响。其次，中式菜肴习惯用葱、姜、蒜、花椒、大料等具有浓郁芳香类的调料品，用于除去原料中的腥味与异味，但是在含茶的菜肴里就不适合使用这些气味浓郁、具有刺激性的调料。它们本身过于浓重、辛辣的气味，不仅与茶清新淡雅的姿态不相匹配，同时也会把茶的清香掩盖起来，影响整道茶菜的风格和味道。所以在制作茶膳的时候，不仅需要考虑其他食材是否含有较多的钙离子和蛋白质，同时应尽量避免与这些口味浓重的、富有刺激性的调料同时使用。

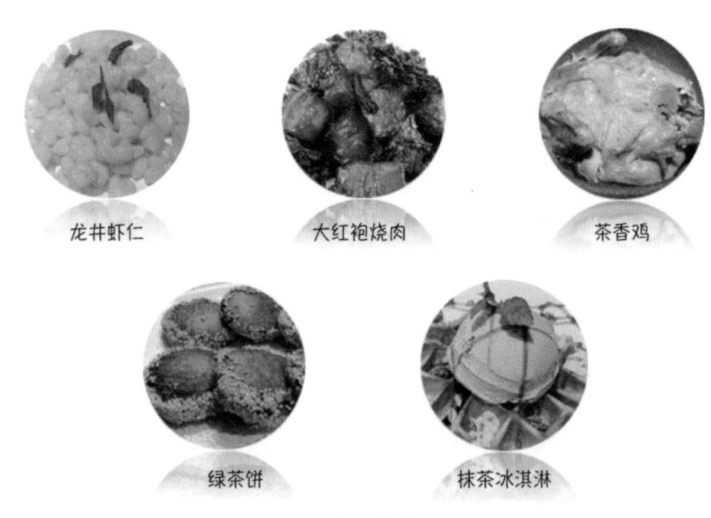

■ 著名茶菜

(2) 茶食品

茶叶还可被应用于含茶糖果、含茶饼干、含茶冰淇淋、含茶面条、含茶面包等的加工过程中。日本研究结果显示，添加茶后，糖果、饼干的甜味部分受到抑制，口腔中获得清凉感，喉咙也感觉舒爽，而且食用后口腔不留异味。

超微茶粉

超微茶粉是近年来新兴的特色产品，指茶叶经过粉碎机粉碎得到的粉末，但粒径要远远小于普通粉碎茶粉，超微茶粉的粒径通常在1 600目以下，而普通茶粉的目数大约在200～600目。超微茶粉表面积大，具有高溶解性，外观翠绿，需选用叶绿素含量高、色泽深绿的茶鲜叶。鲜叶经摊放、杀青、热风脱水、摊晾、揉捻、解块和干燥后，进行初步粉碎，之后会用球磨机、气流粉碎机、纳米粉碎机等进行超微粉碎。由于整个加工过程始终在较低的温度状态下进行，能很好地保存茶叶中的活性成分。

超微茶粉中含有水不溶解成分：膳食纤维素，叶绿素、胡萝卜素、脂溶性茶多酚等有效成分，对于提高茶叶利用率有着积极作用。

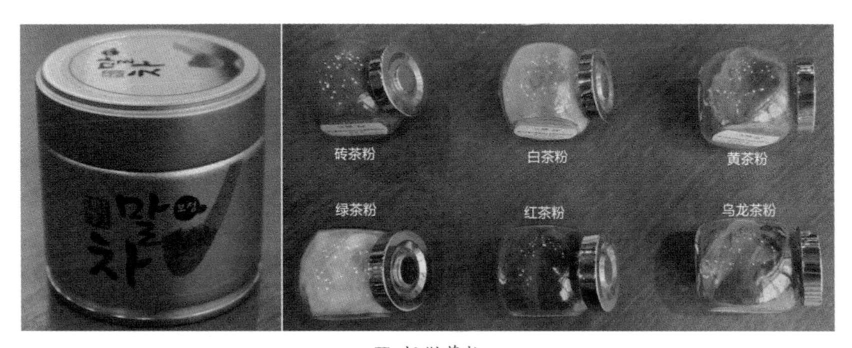

■ 超微茶粉

茶叶成分的添加方式主要包括：一是茶叶原液的浓缩汁，主要靠水提取之后浓缩制成；二是茶叶粉，如超微茶粉；三是以速溶茶浓缩液为主要原料；四是鲜叶直接研磨成茶浆。

另外，还有直接将茶多酚加入食品中发挥其抗氧化活性，起到保鲜、抑制脂质过氧化的作用。茶多酚是天然油脂的抗氧化剂，其抗氧化活性优于人工合成的抗氧化剂丁基羟基茴香醚（BHA）和2.6-二叔丁基-4-甲基苯酚（BHT），也优于维生素E，可广泛用于食品工业，防止和延缓脂质的氧化或酸败。

茶作为添加剂

用于酸奶：日本的研究发现在酸奶中添加茶多酚，可改善酸奶的甜腻感，让酸奶更加爽口。

用于色素保护剂：茶多酚可防止天然色素的降解褪色，效果优于维生素C。日本的研究发现茶多酚改善β-胡萝卜素的退色，在含有β-胡萝卜素的饮料中添加茶多酚，通过日光照射检查饮料中的β-胡萝卜素残存率。结果显示茶多酚有抑制β-胡萝卜素等天然色素退色的作用。

用于月饼：加入月饼中可以抑制油的过氧化过程，防止月饼馅的变质和月饼外皮的霉变，延长储藏时间。

用于肉保鲜：加入火腿中可以抑制脂肪的过氧化和变质，使得肉的色泽鲜红，延长货架期。用以处理鲜鱼，使得脂质氧化过程延迟，色泽保持鲜红，肉质新鲜。

■ 未添加茶多酚的鱼肉

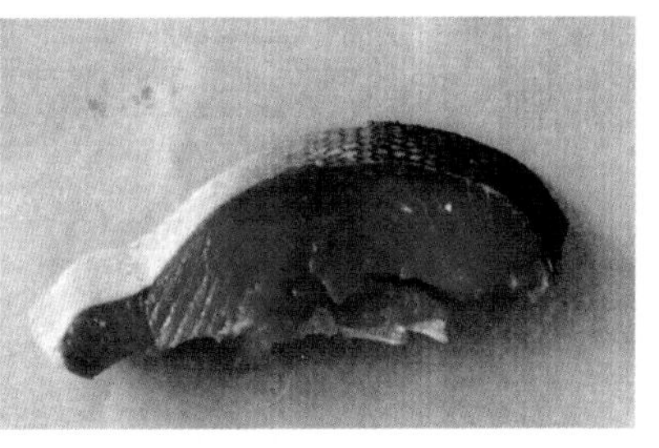

■ 添加了茶多酚的鱼肉

茶多酚脂溶性乳化液用于食品调和油中，能有效地推迟酸败诱导期，并显示出比粉剂更强的抗氧化能力。此外，茶多酚已成功添加于金华火腿、糕点、乳制品、月饼、方便面、涂层花生、燕麦片、巧克力、鱼干、米花糖、粽子等食品。杭州、上海、宁波、金华、四川、广州、汕头、厦门等地的食品厂纷纷开始使用茶多酚作为食品添加剂。

（3）其他

绿茶多酚的产品有水溶性的、油溶的、液体状的、粉末状的，根据各自的用途目的可选择使用。除了用在食品领域，近年来将茶多酚用于衣食住行各个方面方便大众生活的产品越来越多。在日化领域，如应用茶多酚所具有的抗氧化、护色、保鲜、防臭效果制作的茶袜子、茶毛巾、茶服装等应运而生。

2. 茶饮料

茶饮料的发展始于美国和日本，中国台湾从 80 年代末期也开始发展。中国大陆从 90 年代中期起开始商品化生产，且发展迅速。2015 年我国茶饮料生产 1 376.3 万吨，茶和水的比例按 1∶100 计算，消耗茶叶约 14 万吨，占我国 2015 年茶叶产量的 6%，但产值占总茶叶产值的 45% 以上。

茶饮料是指用水浸泡茶叶，经抽提、过滤、浓缩、沉淀等工艺制成的茶汤或在加工过程中，将茶汤中加入水、甜味剂、酸味剂、香精、果汁或其他添加剂等调制加工而成的饮品。我国《GB21733−2008 茶饮料》中对茶多酚含量作出了明确规定：绿茶茶多酚含量应不小于 500 毫克／千克；乌龙茶茶多酚含量应不小于 400 毫克／千克；红茶、花茶以及其他茶多酚含量应不小于 300 毫克／千克；果汁、果味类及奶、奶味类调味茶饮料茶多酚含量应不小于 200 毫克／千克；碳酸类调味茶饮料茶多

茶的综合利用

1. 饲料添加剂，茶多酚加入鸡饲料中可降低鸡蛋中的胆固醇含量，鸡蛋价格可上升2～3倍。加入猪饲料中可增加瘦肉、降低肥肉的比例。

2. 降低吸烟引起的毒性，将茶多酚放入香烟可以有效吸附香烟中的尼古丁，降低吸烟的毒害。茶多酚可以清除吸烟产生的有害自由基，抑制吸烟气相物质引起的肺细胞膜脂质过氧，保护肺细胞不受吸烟产生的损伤。另外茶中含有有机酸，有机酸与咖啡因、尼古丁中和生成盐类，盐类大多溶于水，可从尿中排出体外，饮茶可解烟毒。

3. 茶叶具有良好的吸附性，可以通过将茶放入内衣、内裤、鞋和袜子，空调出口处，汽车中，猪圈中消臭、除异味。

4. 儿茶素空气过滤网，由日本Herbe株式会社Miyamatsu教授与日本三菱电机株式会社合作，以儿茶素为原料，采用纳米技术把儿茶素与特种树酯等材料融合制备高强度拉丝，再织成过滤网，成功研制出具有抑菌、防霉、除臭，清除甲醛、甲硫醇、自由基等作用的新型空调空气过滤网，并在日本松下、日立等空调主导品牌中迅速全面使用。目前，中国格力等知名品牌的空调中使用了这类空气过滤网。

5. 含有儿茶素的防辐射手机贴，尽管手机辐射问题在全球一直有争议，但大多数的研究表明手机在使用过程中存在电磁辐射，长期或过度使用手机会对人体大脑神经系统产生伤害，引发脑部和眼部疾病。日本研究开发的Pulse Clean手机防辐射磁贴中植入了儿茶素，有效增强了手机贴的抗辐射效果。

6. 含茶多酚的纺织品，日本Herbe株式会社为代表开发的含绿茶多酚系列染织品已成为日本人生活的时尚产品。以绿茶多酚染织的衬衫、T恤、内衣以及床上的枕套、床单、被套等，具有高效清除体味、抑制体表微生物、预防皮肤瘙痒等功效。以绿茶多酚染织的袜子具有显著的抑菌、消臭效果，是预防和治疗脚气的理想产品。

7. 茶叶保健枕头，以茶叶或茶叶提取物为主要原料开发的茶叶枕头，不仅可以高效清除异味，而且可以镇静安神，改善睡眠质量。

加入茶多酚的香烟

茶丝巾　　茶袜

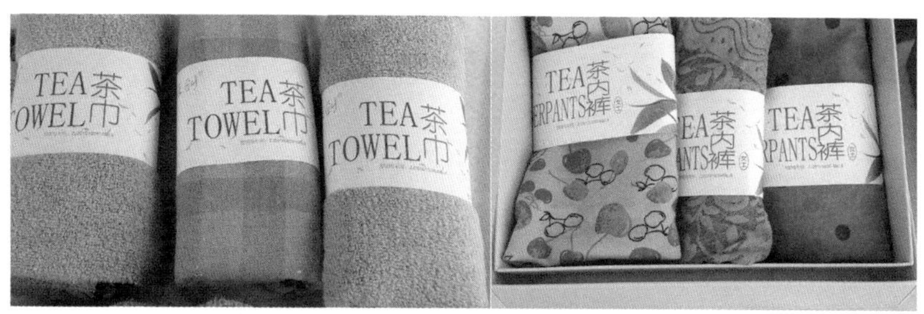

茶毛巾　　茶内裤

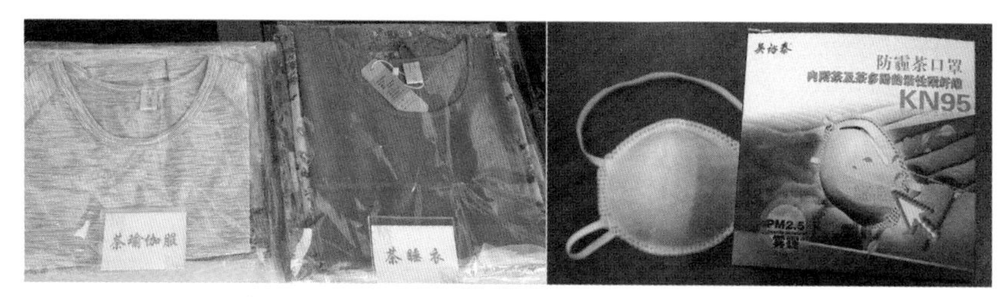

茶服装　　茶口罩

■ 茶深加工产业蓬勃发展

酚含量应不小于100毫克/千克。

（1）速溶茶

速溶茶是以成品茶或鲜叶为原料，通过提取、浓缩和干燥等工序加工而成的一种粉末状或片状或颗粒状的产品。由于该产品水溶性好，冲水即溶，不留余渣，故得名为“速溶茶”。18世纪，欧洲的茶商就从中国进口一种用茶抽提液浓缩制成的深色茶饼，溶化后可供10份早餐用茶，这便是今天速溶茶的雏形。1890年，汤姆斯·立顿在英国创制立顿

(Lipton) 红茶，目前立顿成为全球最大的茶叶企业，以其醒目的黄色外盒出现在各大商场，其宗旨是营造光明、活力和自然美好的乐趣。曾有报道提出我国七万家茶企的总年产值不敌立顿一个公司，在国内 A 股市场，没有一个茶相关上市公司。美国是生产速溶茶最多的国家，雀巢 (Nestea) 公司，生产量估计占全美的 58%，该公司出售的速溶茶有二十多个品种。

随着生活节奏的加快，发展速溶茶工业已经成为社会、市场的需求，这也使得茶叶加工、生物化学、食品化学等多学科得到交叉和综合运用，并逐渐丰富了茶叶深加工学。该领域的研究与发展已成为茶叶及食品科学领域中最活跃和最成熟的研究内容。

（2）混合速溶茶

混合速溶茶又称冰茶，以速溶茶为基本原料，加上适量的甜味剂、酸味剂、果汁、载体、色素、香精等调制而成。速溶茶在混合速溶茶中所占比重为 1% ~ 4%，是决定混合速溶茶汤色和滋味的决定性因素。混合速溶茶中添加甜味剂和酸味剂等食品添加剂，可以改善茶汤的滋味，尤其受年轻人的喜爱，起到增进食欲的重要作用，是混合速溶茶中的重要组分。

■ 立顿速溶奶茶

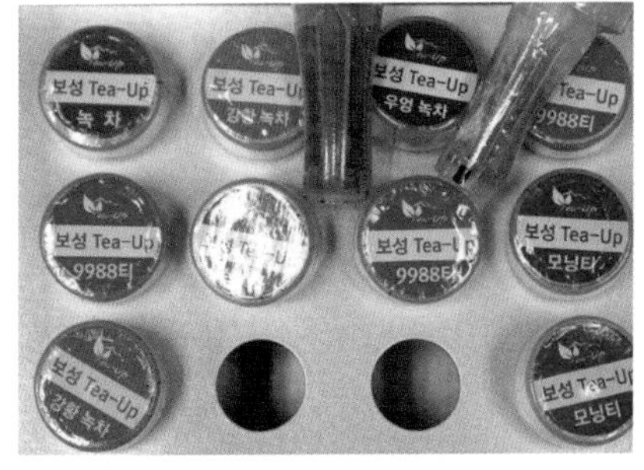

■ 速溶茶粉（直接将其置于纯净水瓶口，上下颠倒摇晃瓶身，茶粉即溶于水中，取下盖子即可饮用）

常用的甜味剂包括蔗糖、葡萄糖、阿斯巴甜、麦芽糖、果糖、淀粉糖浆、半乳糖等。混合速溶茶中的酸味剂包括柠檬酸、苹果酸等。一般常将两种或两种以上的酸味剂组合添加，起到协同增效的作用。混合速溶茶中酸味剂的使用量为2%～3%。能够提神醒脑，刺激食欲，同时酸性添加剂有利于延长混合速溶茶的保质期和促进矿质元素的溶解。

■ 混合速溶茶

另外，由于混合速溶茶加工选用速溶茶为原料，速溶茶经浸提、调和、灭菌等高温环节后，香气损失严重。因此为了使混合速溶茶能够拥有宜人的香气，加工过程中常通过添加食用香精、香料以模仿热泡茶的香气。柠檬油、丁香油、茉莉花油、柑橘油、苹果香精、草莓香精等常作为香精添加剂加入混合速溶茶当中。食用香精香料的一般添加量为0.05%～0.1%，给人以舒适感觉为基本原则，淡雅为上，切勿添加过多，过于浓重，因小失大，损伤茶汤原本风味。

在混合速溶茶中还多添加如糊精、植物油、植物胶、二氧化硅等载体以使包括香精香料在内的各种添加剂能够均匀分布，防止因为长时间静置导致的沉淀出现。

混合速溶茶中常使用的营养强化剂包括磷酸钙、抗坏血酸、海藻碘、牛磺酸、葡萄糖酸锌等。如抗坏血酸，即是维生素C，不仅可以起到补充营养的作用，同时具有卓越的抗氧化性，对于延长货架期也具有积极作用。牛磺酸，是人体生长发育所必需的氨基酸，对于儿童大脑发育具有重要作用。葡萄糖酸锌是补充人体所需锌的良好来源，对于缺锌引起的营养不良、厌食症、口腔溃疡具有改善作用。但是在添加营养强化剂时需要考虑它们对混合速溶茶风味和稳定性可能造成的影响。

目前市场上销售的茶饮料大部分为混合速溶茶，品种丰富，口感深受年轻人的喜爱。但由于其含糖量高，近些年随着健康浪潮的推动，其销售也受到其他一些纯茶汁产品的竞争。

（3）纯茶汁

纯茶汁是指茶叶经预处理、浸提、澄清等工序处理后，制成的具有原茶汤风味的制品。生产纯茶汁饮料的主要原料为茶叶、水、抗氧化剂、pH 调节剂等。由于其特点与原茶汤最为接近，因此为了避免加工中茶汤褐变并抑制贮藏中的汤色和风味的变化，一般加工过程中常添加抗氧化剂，如抗坏血酸、抗坏血酸钠、异抗坏血酸、异抗坏血酸钠等。

（4）保健茶饮料

目前开发出来的保健茶饮料不多，日本三得利公司出品的黑乌龙茶具有减肥的功效，富含茶多酚，也因此口感苦涩，但被日本民众认可，销售量名列前茅。茶中功能性成分丰富，开发具有不同功能的保健茶饮料具有很多方向。同时，社会节奏的加快，工作压力的加大，使得保健茶饮料日益受年轻人的欢迎，开发保健茶饮料具有广阔的市场空间。

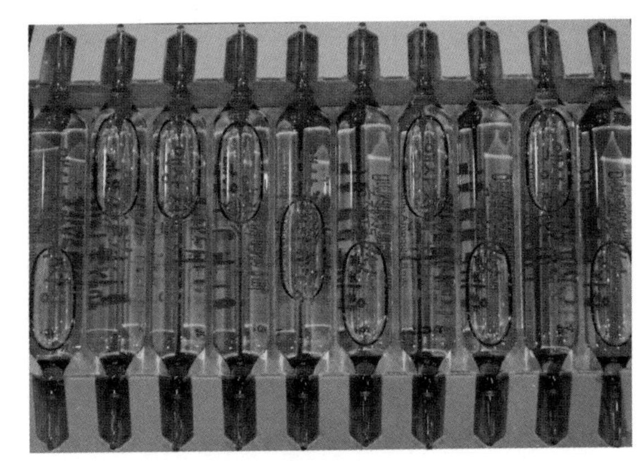

■ 浓缩茶汁

发展功能型的健康茶饮料

补充维生素C含量——绿茶＋维生素C饮料
降血压——γ氨基丁酸茶饮料
降血脂——普洱茶饮料
预防癌症——高EGCG茶饮料
抗过敏——甲基EGCG茶饮料
降血糖——普洱茶＋茶多糖饮料
提高免疫力——高茶氨酸茶饮料
预防老年性疾病——高儿茶素茶饮料

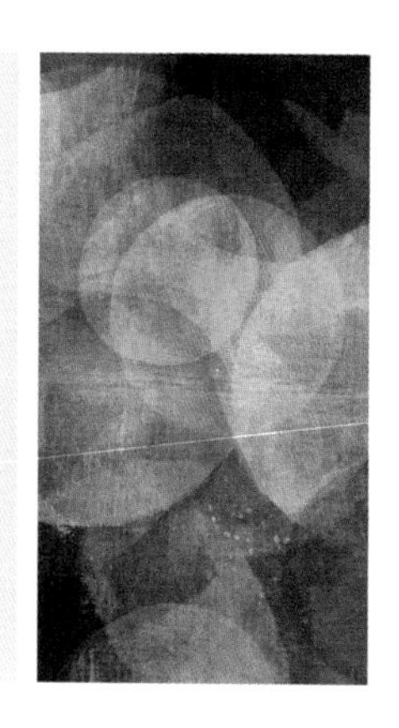

3. 茶花产品

茶树是多年生木本植物，多年开花，通常成龄茶树每年可以生长出2000多个芽叶，萌发3000～4000个花芽，茶树花资源十分丰富。茶树花作为茶树的生殖器官，虫媒花，多为白色，少数粉红或黄色。茶树花大小差异明显，一般由5～9片花瓣组成，花瓣中有200～300个雄蕊，雌蕊位于雄蕊的中央。

“青裙玉面初相识，九月茶花满路开”，描述的就是茶树花开花的情景。一般花芽于6～7月分化，9～11月开花，第二年同一时期种子成熟，整个生长期需要17个月。茶树大多矮小，花朵又藏在叶片和枝条中间，授粉机会很少，所以具有“花期长、开花多、结实少”的特点。茶树花的寿命很短，一般只有2～7天。开放后，2天没有受精，茶树花便会自动脱落。由于叶、花、果实同时生长在茶树枝条上，消耗茶树营养，茶农往往为了提高茶叶质量和产量，对茶树花进行适度的修剪，大量的花被作为废弃物浪费掉，很少加以利用。茶树花产量受品种、树龄、种植方式、栽培管理措施、气象因子等多因素的影响，福建、云南、浙江等省产量较多。

茶树花内含物质丰富，含水量高于茶鲜叶，达 83% 左右。茶树花的多糖含量高于茶叶，具有降血糖、降血脂、抗凝血等保健功效，为茶多糖功效的深入研究提供了很好的材料。茶多酚和咖啡因含量低于嫩梢芽叶，游离氨基酸与嫩梢芽叶接近。茶树花中脯氨酸、天门冬氨酸、谷氨酸和茶氨酸等氨基酸组分含量较高，但茶氨酸的含量低于嫩梢芽叶。茶树花中富含茶皂素，茶皂素不仅是一种纯天然的非离子型表面活性剂，泡沫丰富、持久、去污力强，几乎不受水质硬度的影响，而且具有抗菌消炎、抗氧化的作用。同时茶皂素具有的溶血作用和鱼毒作用已被广泛应用于虾养殖产业。

■ 茶 花

茶树花属实际无毒级，2012 年作为食品新资源已经公示，其利用价值将被进一步挖掘。茶树花资源开发与利用的途径：一是茶树花茶开发，类似传统茶叶加工，通过萎凋、杀青、干燥等方式将茶树花加工成可以直接饮用的茶花茶，也可以将茶树花与茶叶一起窨制花茶。二是茶树花的深加工利用，茶树花中含有丰富的茶皂素、蛋白质、氨基酸，目前已有将茶树花开发为各类洗护用品的尝试。另

■ 丰富的茶花资源

■ 茶花面膜

■ 茶 皂

据相关研究表明，茶树花粉作为一种高蛋白、低脂肪的蛋白质营养源，也含有微量的锌、锰、铁等矿质元素。因此茶树花粉营养价值很高，可以起到养生保健、提高免疫力的作用。还有将茶树花开发为酒或饮料，利用茶花的自然香味和丰富的功能成分不仅可以改善酒和饮料的风味，还具有一定的保健功效。

4. 茶籽产品

茶籽是茶树的种子，可以用来榨油，2009 年卫生部就正式批准茶籽油作为新资源食品。我国茶园面积广阔，按 2015 年开采茶园面积 3 387.2 万亩，茶籽亩产 350 000 千克 / 万亩计算，我国每年潜在茶籽资源约 118.5 万吨。茶籽的主要加工目的是获得茶籽油和茶皂素。近年来我国食用油行业约有一半份额被进口油脂油料所占有，国家粮食安全受到很大威胁。开发茶籽油，一方面可以缓解国内植物油供应紧张的局面，另一方面茶籽油内含物质丰富，可以对人体起到保健作用。

茶果，多为 1 ~ 3 室，也有 4 室的，每室包含 1 ~ 2 粒种子，即茶籽。

茶果成熟后，果皮开裂，茶籽脱落。茶籽外壳呈黑褐色，茶籽内包括两片子叶。茶籽含油率在18%～30%，另含有10%～14%的茶皂素，同时含有丰富的茶多酚、蛋白质、可溶性糖、氨基酸、维生素等营养成分。

（1）茶籽油

茶籽油是从茶籽中榨出的油脂，其中以油酸和亚油酸等不饱和脂肪酸为主，占总脂肪酸含量的80%以上。油酸是一种优质安全的脂肪酸，容易被人体吸收，丰富的亚油酸可以提高人体免疫力，维持胆固醇的正常代谢，降低体内自由基的水平，延缓衰老。但通常认为不饱和程度越高，油脂越不稳定，越容易氧化酸败，货架期越短。然而茶籽油中同时还含有大量具有抗氧化活性的多酚类物质及维生素E，胡萝卜素等使得茶籽油本身具有很强的抗氧化性，可以维持较长的货架期，又能保证丰富的亚油酸不被氧化。

■ 丰富的茶籽资源

在这里，需要区分一下茶籽油与油茶籽油，通常我们会将与“茶相关的油”都称作“茶油”，这是一个错误的概念。首先茶与油茶所指植物不同，茶与油茶均属于山茶属，但是茶为饮料植物，而油茶则为油料植物，像公园里种的山茶花则是著名的观赏花木，也属于山茶属，但三者明显不同。所以茶与油茶虽然为同目同科同属，但是为不同种的两类植物。茶是一种叶用植物，而油茶是木本油料作物。

油茶树是我国特有经济树种，也是我国江南低丘陵区最重要的食用油料树种。油茶树适应能力很强，而且生长过程中不受虫害影响，不需施用农药。

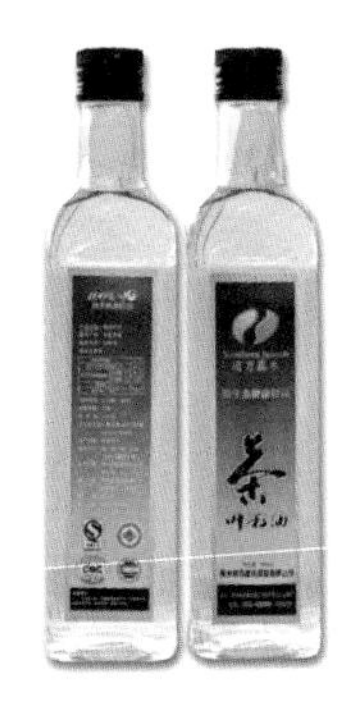

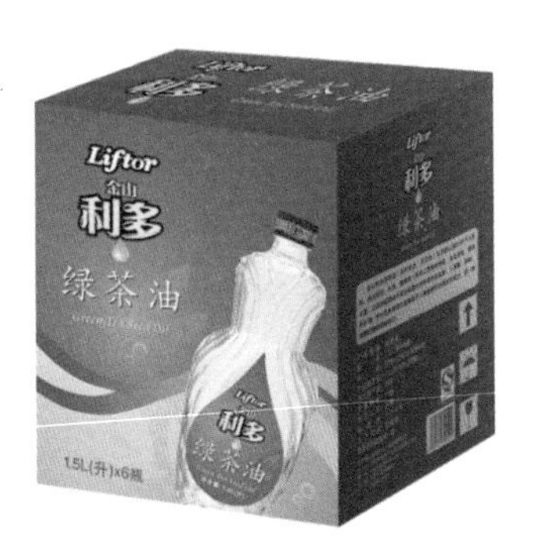

■ 茶籽油

油茶籽内含物质，主要以油份、淀粉、皂素、蛋白质为主，含油量高。油茶籽榨油历史悠久，其饱和脂肪酸含量远低于其他食用油，甚至比橄榄油还低，因此被称作“东方橄榄油”。

茶籽油与油茶籽油内含成分相似，但由于茶籽油中含有独特的茶多酚复合物、维生素 A、维生素 E 和咖啡因等使得其在保健方面具有更好的效果。

茶与油茶的生物学分类

分类	茶	分类	油茶
界	植物界	界	植物界
门	被子植物门	门	被子植物门
纲	双子叶植物纲	纲	双子叶植物纲
亚纲	五桠果亚纲	亚纲	五桠果亚纲
目	山茶目	目	山茶目
科	山茶科	科	山茶科
属	山茶属	属	山茶属
种	茶	种	油茶

（2）茶皂素产品

茶籽中还富含茶皂素，茶皂素其水溶液振荡时可产生大量肥皂样泡沫，起泡性能好。茶皂素是皂甙的一种，皂甙在植物界中分布极广，自然界的90多个科的植物中至少有500个属的植物中含有皂甙。不仅在山茶科植物（油茶、山茶、茶及茶梅）中有，而且在豆科、毛茛科、五加科以及远志科植物中均含有皂甙。常见的名贵药材如人参、沙参、桔梗等均含有皂甙。

茶皂素的应用

日化行业：茶皂素在日化行业是难得的天然表面活性剂，对蛋白质纤维类无损伤，在对发、毛、丝及羽绒洗涤方面充分显示出其优越性。含茶皂素的裘皮洗净剂、羊毛洗净剂、毛纺织品洗净剂等已开发出来。以0.2%茶皂素作化纤染料印花漂洗，在白度及鲜艳度方面均超过“雷米棒A”。茶皂素洗发香波不仅感观良好，对皮肤无刺激、无致敏，使用安全，洗涤后手感爽滑、松软、光亮。

水产养殖行业：茶皂素可以替代常用的化学品五氯酚钠杀灭对虾池中的野杂鱼，对红血动物具有溶血作用，保护养殖池中的虾。

■ 含茶皂素的日化用品

皂甙是由皂甙元、糖、糖醛酸及其他有机酸组成。组成皂甙的糖常见的有葡萄糖、鼠李糖、半乳糖、阿拉伯糖、木糖及其他戊糖类。常见的糖醛酸有葡萄糖醛酸及半乳糖醛酸等。茶皂甙目前被广泛应用在生活用品开发方面，也称为茶皂素。茶皂素是在1931年由日本学者青山新次郎首次从茶籽中分离出来的，熔点为209～215℃，是一种无味、无臭、无色，几乎无灰的结晶性粉末，命名为“Thea Saponin”。

目前茶皂素主要是从油茶籽饼粕中提取，榨油后剩下的茶饼中富含茶皂素。近年来研究者也多从茶籽饼中提取，充分利用资源。茶皂素作为天然的非离子型表面活性剂，可以显著降低液体表面张力，洗涤效果佳。

此外，在茶树叶片、根系及茎中均含有茶皂素，然而茶籽中皂素含量远远高于茶叶其他部位的含量。茶皂素具有皂苷的一般性质，味苦、辛辣，可作为表面活性剂，具有溶血功能，可用于农业、日化用品业及医药等领域。

茶籽的利用，除了开发茶籽油和茶皂素产品外，对茶籽壳也有有效利用，如制作活性炭。茶籽壳特有的物理网状结构是生产活性炭的理想材料，茶籽壳富含纤维素和半纤维素，具有良好的吸附作用。

5. 茶渣产品

日常饮茶、茶饮料、速溶茶均会产量大量的茶渣，丢弃的茶渣中仍含有很多可利用的成分，同时丢弃也会对环境造成严重污染。茶渣中含有较高含量的粗蛋白，将其应用于动物饲料中不仅可以变废为宝，而且可以提高产品的产量和口感。但需要对其进行发酵等处理，以改善苦涩味。此外，茶渣经清洗、干燥、灭菌，还可以用来制作枕芯填充料，茶枕具有缓解神经衰弱、鼻炎、头痛等多重功效。

参考文献

白婷婷，孙威江，黄伙水，2010. 茶树花的特性与利用研究进展[J]. 福建茶叶（Z1）:7-11.

崔晓明，喻云春，张广成，等，2012. 茶树花的化学成分及开发利用研究进展[J]. 黑龙江农业科学，1:139-143.

官兴丽，2009. 茶树花的开发利用研究进展[C]. 杭州：中国茶叶学会:13.

郝素岩，2007. 日本的茶道、花道与香道[J]. 辽宁医学院学报，5(4):103-105.

林金科，2012. 茶叶深加工学[M]. 北京：中国农业出版社.

林文业，邓卫利，黄文琦，2011. 食物中硒的生物功能及测定分析研究[J]. 大众科技，4:125-128.

陆羽，2014. 茶经[M]. 北京：北京联合出版公司.

罗淑华，贾海云，童雄才，等，2003. 砖茶氟含量偏高的原因分析研究[J]. 茶叶通讯，2:3-6.

马荣山，许烨，2004. 乌龙茶粉的研究[J]. 饮料工业(03):10-15,19.

施兆鹏，2010. 茶叶审评与检验[M]. 北京：中国农业出版社.

屠幼英，2011. 茶与健康[M]. 北京：世界图书出版公司.

屠幼英，2015. 茶多酚十大养生功效[M]. 杭州：浙江大学出版社.

宛晓春，2011. 茶叶生物化学[M]. 北京：中国农业出版社.

王旭烽，2013. 品饮中国[M]. 北京：中国农业出版社.

王岳飞，徐平，2014. 茶文化与茶健康[M]. 北京：旅游教育出版社.

王岳飞，周继红，2016. 第一次品绿茶就上手[M]. 北京：旅游教育出版社.

吴觉农，2005. 茶经述评[M]. 北京：中国农业出版社.

吴兰成，2008. 中国中医药学主题词表[M]. 北京：中医古籍出版社.

夏涛，2011. 茶叶深加工技术[M]. 北京：中国轻工业出版社.

徐洪杰，2014. 漫谈日本花道[J]. 文化月刊，22:62–65.

杨月欣，王光亚，2010. 中国食物成分表[M]. 北京：北京大学医学出版社.

余悦，2012. 中国茶文化与生活“四艺”的体现[J]. 农业考古(05):95–108.

余悦，2014. 图说香道文化[M]. 北京：世界图书出版公司.

周继红，应乐，徐平，等，2015. 茶相关保健食品的开发现状[J]. 中国茶叶加工，4:26–30.

后　记

“神农尝百草，日遇七十二毒，得荼而解之”，此处的“荼”即为“茶”。茶，起源于中国，千百年来，滋润着中华民族，成为人们最喜爱的天然保健饮品。接到参与编写本书的任务是在2015年的冬季，时值第十五届国际无我茶会举办之际。茶界泰斗姚国坤老先生在会场将撰写本书的使命托付给我的研究生导师王岳飞教授。王老师希望我能在此次编写过程中得以锻炼，同时增进对研究方向的深层次理解，遂将此次编写工作交与我。深知自己功底不够深厚，能够接此任务令我又惊又喜，同时甚是惶恐。然而王老师时常鼓励我要加油努力，相信自己。肩上的担子和压力时刻督促着我要尽全力编好此书，对本书负责，对广大读者负责。编书过程中，偶尔遇到困惑的地方，王老师总是能够用专业而又幽默的语言很快答疑解惑，使得本书能够在规定的时间内顺利完成。编书历经一年零三个月之久，期间，无论是已80岁高龄的姚爷爷还是工作繁忙的王老师都时常询问编写进展。姚爷爷虽年事已高，然而其对学术的一丝不苟常令我敬佩。2017年元旦，为确定本书的最后编写细节，姚爷爷细致耐心地为我讲解了疑难之处，并对已有的撰写部分予以肯定和鼓励，着实令人感动。

饮茶养生，茶，对于人体的保健功效是全面的。茶，作为祖先留给我们的瑰宝，值得倍加珍惜。每日饮茶尤其可以预防一些慢性疾病，延缓衰老。随着科技的进步，茶叶提取物，如茶多酚、茶氨酸、咖啡因、茶多糖等天然成分凭借其卓越的保健功效日益成为研究者关注的焦点。茶多酚作为茶中主要的组分，已被证实具有显著的抗氧化、清除自由基的功能，这对于防治如癌症、心脑血管疾病等方面具有可观的研究价值。将茶天然产物开发为保健品甚至是药品对于造福整个人类都具有积极意义。饮茶不仅会改善机体代谢，同时有助于精神的调节。饮茶使人平静，中国茶德“廉、美、和、静”就淋漓尽致地将茶的内涵精神表述了出来。“盛世饮茶，乱世饮酒”，我们已进入了和平发展的新时代，饮茶更是符合时代的发展趋势，茶健康产业必将得到前所未有的发展。

此次编写过程中，无论是身边的老师、同学还是无数的茶界朋友均给予了无私的支持和鼓励。

感谢丛书主编姚国坤教授一年多来的辛苦指导和不吝赐教；

感谢恩师王岳飞教授一直以来的鼓励和支持，在此也一并感谢王老师对茶健康事业的无私奉献；

感谢专业摄影师程刚老师在百忙之中帮助我对书中的部分插图进行辛苦拍摄和处理；

感谢黄虔菲师姐协助书中部分插图的拍摄工作，她对事物的完美追求时常影响着身边的我们；

感谢张雨曦师姐、周继红、张靓、陈晓明、孙丽丽、李春霖、张姝萍、陈琳、赵悦伶、孔雪娇、何闻达等同学在繁忙紧张的科研之余，帮助我对文章的大体结构和内容进行了全面地检查和纠正。

此外，

感谢中国茶叶博物馆周文劲老师；

感谢浙江省杭州市茶业茶院主人陈燚芳老师；

感谢浙江省诸暨绿剑茶业有限公司董事长马亚平先生；

感谢云南省普洱景东县茶叶和特色生物产业局崔伟明副局长；

感谢云南省普洱景东县帮崴茶业有限责任公司(雩中来)总经理高祥先生；

感谢贵州省凤冈县北纬二十七度生态黄茶有限公司董事长罗术洋先生；

感谢广西省柳州市泰天茶坊王雪宁（天净）女士和华藏香士香道老师婴语女士；

感谢福建省津漫茶叶有限公司陈群女士；

感谢浙江农林大学茶文化学院马莉、关剑平老师；

感谢大家！

此外，还有一些不熟悉的茶友，当我向他们咨询讨教的时候，都十分热情，毫不吝啬的赐教于我，尽自己所能帮助我。“天下茶人一家亲”，本书从最初的目录编写到终稿的确定都离不开各位茶人朋友的共同努力。但是由于自己才疏学浅，编书时间紧凑，可能有些许部分的叙述不够准确，不尽如人意。引用的一些文献资料出处，也未能一一标出，敬请谅解。在此也希望大家在阅读过程中能够多提宝贵意见，帮助我们完善此书，呈现给大家准确而简练易懂的语言文字。

我的导师王岳飞教授时常对我们说“照顾好身边人是我们的责任”，此次编写过程中，无数身边人向我伸出援手，更是使我意识到了这句话带给我的责任感和使命感。为身边的人奉上一杯亲手泡的茶，带动更多的人加入茶养生行列是我们的责任和义务。作为一个茶人，更是应该积极传播茶文化，普及茶科学，推动茶养生，使得茶能够惠及更多的人。

深望广大读者批评、指正。

魏然

2017 年 1 月于浙江大学紫金港